大学计算机基础立体化教程

（修订版）

主　编　陈兴威　余党军

副主编　王永忠　周红晓

　　　　方晓华　王理凡

科学出版社

北　京

内 容 简 介

本书结合 Windows 10 操作系统和 Office 2019 办公软件平台，从办公应用中所遇到的实际问题出发，基于"教、学、做"一体化的教学理念编写而成。

本书体现了人才培养的应用性、实践性，将计算机基本操作作为重点，力求兼顾理论教学与实践操作；将知识点融入日常办公的实际应用中，通过"任务描述→任务分析→任务实现"3 个步骤对案例展开剖析，层层递进，使学生快速掌握职业岗位所需的计算机应用技能。

全书内容组织合理、层次清楚、实例丰富，既可作为高职高专、成人教育等大中专学生的计算机基础课程的教材，也可作为广大计算机爱好者的自学指导用书。

图书在版编目（CIP）数据

大学计算机基础立体化教程（修订版）/陈兴威，余党军主编. —北京：科学出版社，2019.8

ISBN 978-7-03-061571-8

Ⅰ．①大⋯ Ⅱ．①陈⋯ ②余⋯ Ⅲ．①Windows 操作系统-高等职业教育-教材 ②办公自动化-应用软件-高等职业教育-教材 Ⅳ．①TP316.7 ②TP317.1

中国版本图书馆 CIP 数据核字（2019）第 112548 号

责任编辑：薛飞丽 袁星星/ 责任校对：王万红
责任印制：吕春珉 / 封面设计：东方人华平面设计部

科学出版社出版
北京东黄城根北街 16 号
邮政编码：100717
http://www.sciencep.com

三河市骏杰印刷有限公司印刷
科学出版社发行 各地新华书店经销
*
2019 年 8 月第 一 版 开本：787×1092 1/16
2021 年 6 月修 订 版 印张：15 1/4
2021 年 8 月第七次印刷 字数：361 000

定价：48.00 元
（如有印装质量问题，我社负责调换〈骏杰〉）
销售部电话 010-62136230 编辑部电话 010-62135397-2039

修订版前言

近年来，在全球信息化大潮的推动下，我国计算机产业发展迅速，计算机已经广泛应用于现代社会的各个领域，熟练使用计算机已经成为人们必备的技能之一。"大学计算机基础"作为普通高等教育中大专学生的第一门计算机课程，其教学目标与宗旨不但侧重引导学生全面了解计算机科学与技术的基础知识，同时注重训练学生熟练掌握计算机的常用操作技能，并且重点培养学生利用计算机分析问题和解决问题的思维方式与应用能力。

本书依托 Windows 10 操作系统和 Office 2019 办公软件平台，重点介绍了计算机基础知识、Windows 10 操作系统、Word 2019 文字处理、Excel 2019 电子表格、PowerPoint 2019 演示文稿、计算机网络、信息安全、大数据、移动互联网等方面的知识。

本书的主要特色如下：

1）遵循职教规律，突出质量为先。本书遵循人才成长规律，兼顾理论知识传授与技术技能培养的平衡，它将计算机基本操作作为重点，将知识点融入生活办公的实际例子中，按照"任务描述→任务分析→任务实现"的线路逐步展开，循序渐进，使学生快速掌握职业岗位所需的计算机应用技能。

2）深化产教融合，校企双元开发。本书紧跟产业发展趋势和行业人才需求，吸纳多位行业企业技术人员深度参与到本书的编写，融合行政办公典型岗位对基本的计算机科学素养、办公自动化应用、计算机信息处理等能力需求，注重工作过程导向，以典型工作任务为载体组织教学单元。

3）推动新媒体融合，提升学习价值。方便读者从学习的角度出发，将关键的知识讲解录为微课并制作成二维码，进行新媒体融合下教材数字化的有益尝试，旨在使读者能快速入门，掌握相关知识与应用技能。

4）融入"职业素养、工匠精神、国家情怀、社会主义核心价值观"等德育元素，将"课程思政"贯穿教育教学全过程，提升育人成效。

5）书中编写了大量的计算机操作实用小技巧。这些小技巧来源于许多计算机骨干教师平时所积累的实用快捷操作，可提高学习者的计算机操作技能，掌握计算机的一些简便操作方法，提高工作效率。

本书由陈兴威、余党军担任主编，由陈兴威、王永忠、周红晓、方晓华、王理凡最后修改定稿。参加编写工作的还有张旺俏、赵利平、黄月妹、张翔、方蓉、王有铭、吕政锋、方博、任晨吉等。

由于编者水平有限，加之计算机技术的迅猛发展，书中的疏漏与不妥之处在所难免，恳请广大读者批评指正。

第一版前言

近年来，在全球信息化大潮的推动下，我国计算机产业发展迅速，计算机已经广泛应用于现代社会的各个领域，熟练使用计算机已经成为人们必备的技能之一。"大学计算机基础"作为普通高等教育中大学生的第一门计算机课程，其教学目标与宗旨不但侧重引导学生全面了解计算机科学与技术的基础知识，同时注重训练学生熟练掌握计算机的常用操作技能，并且重点培养学生利用计算机分析问题和解决问题的思维方式与应用能力。

本书依托 Windows 7 操作系统和 Office 2010 办公软件平台，系统介绍了计算机基础知识、Windows 7 操作系统、Word 2010 文字处理、Excel 2010 电子表格、PowerPoint 2010 演示文稿、计算机网络与应用等方面的知识。

本书主要特色如下：

体现人才培养的应用性、实践性，它将计算机基本操作作为重点，力求较好地兼顾理论教学与实践操作的平衡，将知识点融入日常办公的实际例子中，通过详细的操作步骤对例子进行讲解，使学生快速掌握职业岗位所需的计算机应用技能。

从方便读者学习的角度出发，将关键的知识讲解录为微课并制作成二维码，旨在让读者能快速入门，掌握相关知识与应用技能。

书中编辑了大量的计算机操作实用小技巧。这些小技巧来源于许多计算机骨干教师平时所积累的实用快捷操作，可提高学习者的计算机操作技能，掌握计算机的一些简便操作方法，提高工作效率。

本书配有精心制作的教学素材，读者可以向作者索取：306161886@qq.com。

本书由计算机基础课程教学一线教师和企业商务办公实战精英共同编写而成。具体编写分工如下：第 1 章由陈兴威、任晨吉、吕政锋编写，第 2 章由周红晓、方博编写，第 3 章由陈兴威、张旺俏编写，第 4 章由王永忠、于清枫编写，第 5 章由赵利平、王永忠编写，第 6 章由黄月妹、张翔、陈兴威编写。全书由陈兴威、余党军负责总体设计，由陈兴威、王永忠、周红晓、方晓华、王理凡最后修改定稿。单天德、方蓉、徐赛华、卢世通、许杨文、李凡、周文洪在本书编写过程中提出了很多宝贵的意见和建议，在此一并表示感谢。

由于时间仓促，限于编者水平，加之计算机技术的迅猛发展，书中的疏漏与不妥之处在所难免，恳请广大读者批评指正。

目　　录

第1章 计算机基础知识

当今，人类社会已全面步入信息化时代。在信息化社会中，电子计算机的影响遍及人类社会的各个领域。计算机科学与技术不仅发展成为一门先进的学科，而且对人类的生产方式、生活方式和思维方式都产生了深远的影响。计算机文化（或信息文化）不仅极大地推动了当代社会生产力的发展，而且将创造出更加灿烂辉煌的人类文明。

1.1 认识计算机

计算机的前世今生

学习目标

- 了解计算机的发展历史。
- 了解计算机的特点与分类。
- 熟悉计算机的应用领域。
- 了解未来计算机的发展趋势。

1.1.1 计算机的诞生

计算工具的发展有着悠久的历史，从远古商代的十进制记数方法，到周代的算筹，再到唐末发明的算盘。随着社会生产力的发展，计算工具也在不断地发展。法国科学家帕斯卡于 1642 年发明了齿轮式加减计算器。在当时，该计算器就非常具有影响力，他自己也曾评价道："这种计算器所进行的工作，比动物的行为更接近人类的思维。"德国著名数学家莱布尼茨对这种计算器非常感兴趣，他在帕斯卡的基础上，提出了进行乘除法的设计思想，并用梯形轴作为主要部件，设计了一个能够进行四则运算的机械式计算器。

以上这些计算器都没有自动进行计算的功能。英国数学家巴贝齐于 1822 年、1834 年先后设计出了以蒸汽机为动力的差分机和分析机模型。虽然受当时技术条件的限制而没有成功，但是分析机已具有输入、存储、处理、控制和输出 5 个基本装置的思想，而这是现代计算机硬件系统组成的基本部分。20 世纪电工技术的发展，使科学家和工程师们意识到可以使用元器件来制造计算机。德国工程师楚泽于 1938 年设计了一台纯机械结构的电子机械二进制计算机（Z1）；其后他用电磁继电器对其存储和计算单元进行改进（Z2），并于 1941 年成功研制出一台机电式计算机（Z3），这是一台全部采用继电器的通用程序控制的计算机。事实上，美国哈佛大学的艾肯于 1936 年就提出了用机电方法来实现巴贝齐分析机的想法，并于 1944 年制造完成，取名为 MARK I。

1946 年 2 月，世界上第一台电子数字计算机在美国宾夕法尼亚大学诞生，取名为 ENIAC，用于美国陆军部的弹道研究，如图 1-1 所示。

图 1-1　第一台电子数字计算机 ENIAC

ENIAC 的成功是计算机发展史上的一座纪念碑，是人类在发展计算技术的历程中到达的一个新的起点。ENIAC 的最初设计方案是由美国工程师莫奇利于 1943 年提出的，计算机的主要任务是分析炮弹轨道。美国军械部拨款支持研制工作，并建立了一个专门研究小组，由莫奇利负责。总工程师由年仅 24 岁的埃克特担任，组员格尔斯坦是一位数学家，另外还有逻辑学家勃克斯。这台计算机共用了 18 000 多个电子管、1500 个继电器、70 000 个电阻、10 000 个电容，质量超过 30t，占地面积约 170m^2，每小时耗电 150kW·h（据说当它启动时，整个费城的电灯都会变暗）。由于电子管过热后会损坏，因此围在 ENIAC 身边的工程师每天必须工作 24h，以保证及时更换损坏的电子管，大约每 15min 就有一损坏的电子管需要更换。整个计算过程在程序控制下自动执行，中间无须人工干预，每秒可做 5000 个加法，或 500 次乘法，或 50 次除法，工作 1h 完成的计算量相当于 100 个人用手计算两个月。用现在的眼光来看，这是一台耗资巨大、功能不完善且笨重的庞然大物。然而，它的出现却是科学技术发展史上的一个伟大的创造，它使人类社会从此进入了电子计算机时代。

1.1.2 计算机的发展阶段

计算机从诞生到现在，已走过了 70 多年的发展历程，在这期间，计算机的系统结构不断发生变化。人们根据计算机所采用的逻辑元件，将计算机的发展划分为 4 个阶段，习惯上称为 4 代，目前正在向新一代的计算机过渡。每一阶段在技术上都是一次新的突破，在性能上都是一次质的飞跃。

1. 第 1 代——电子管计算机（1946～1957 年）

电子管计算机采用电子管作为基本元器件，软件方面确定了程序设计的概念，出现了高级语言的雏形。其特点是体积大、耗能高、速度慢（一般每秒数千次至数万次）、容量小、价格昂贵，主要用于军事和科学计算，为计算机技术的发展奠定了基础。其研究成果扩展到民用，形成了计算机产业，由此揭开了一个新的时代——计算机时代（computer era）。

2. 第 2 代——晶体管计算机（1958～1964 年）

晶体管的发明改变了计算机的构建方式。采用晶体管为基本元器件的计算机体积小、能耗降低、寿命延长、运算速度提高（一般每秒为数十万次，最高可达 300 万次）、可靠性提高，价格不断下降。

在软件方面，出现了一系列的高级程序设计语言（如 Fortran、COBOL 等），并有了操作系统的概念。计算机设计出现了系列化的思想，应用范围也进一步扩大，从军事与尖端技术领域延伸到气象、工程设计、数据处理及其他科学研究领域。

3. 第 3 代——集成电路计算机（1965～1970 年）

集成电路计算机采用中、小规模集成电路（integrated circuit，IC）作为基本元器件。集成电路在一块小小的硅片上可以集成上百万个电子元器件，如晶体管、电阻或电容等，因此人们常把它称为芯片。在软件方面，出现了操作系统及结构化、模块化程序设计方法。软、硬件都向通用化、系列化、标准化的方向发展。计算机的体积更小，寿命更长，能耗、价格进一步下降，而速度和可靠性进一步提高，应用范围进一步扩大。

IBM 360 系列是最早采用集成电路的通用计算机，也是当时影响最大的第 3 代计算机。它的主要特点是通用化、系列化、标准化。美国控制数据公司于 1969 年 1 月研制成功的超大型计算机 CDC7600，速度达到每秒 1000 万次浮点运算，是当时设计最成功的计算机产品。

4. 第 4 代——大规模、超大规模集成电路计算机（1971 年至今）

硬件方面，逻辑元件采用大规模集成电路（large scale integrated circuit，LSI）和超大规模集成电路（very large scale integrated circuit，VLSI）；软件方面出现了数据库管理系统、网络管理系统和面向对象语言等。1971 年，世界上第一台微处理器在美国硅谷诞生，开创了微型计算机的新时代。计算机应用领域从科学计算、事务管理、过程控制逐步走向家庭。

由于集成技术的发展，半导体芯片的集成度更高，每块芯片可容纳数万、数百万乃至上亿个晶体管，并且可以把运算器和控制器都集中在一个芯片上，从而出现了微处理器，并且可以用微处理器和大规模、超大规模集成电路组装成微型计算机，即常说的微型计算机。微型计算机体积小、价格便宜、使用方便，它的功能和运算速度已经达到甚至超过了过去的大型计算机。另外，利用大规模、超大规模集成电路制造的各种逻辑芯片已经制成了体积并不是很大，但运算速度可达每秒万亿次甚至亿亿次的巨型计算机。我国继 1983 年研制成功每秒运算 1 亿次的银河 1 号巨型机以后，又相继成功研发了银河、曙光、天河、神威等系列的超级计算机。2016 年，我国研制成功"神威·太湖之光"，其浮点运算速度可达每秒 9.3 亿亿次，峰值计算速度可达每秒 12.54 亿亿次。这一时期还产生了新一代的程序设计语言及数据库管理系统和网络软件等。

1.1.3 计算机的特点与分类

IT 行业三大定律

1. 计算机的主要特点

计算机的主要特点如下：

1）运算速度快。计算机内部电路可以高速、准确地完成各种算术运算。当今计算机系统的运算速度已达到每秒万亿次甚至亿亿次，大量复杂的科学计算问题得以解决。例如，卫星轨道的计算、大型水坝的计算需要几年甚至几十年，而在现代社会，用计算机只需几分钟就可以完成。

2）计算精确度高。科学技术的发展，特别是尖端科学技术的发展，需要高度精确的计算。计算机控制的导弹之所以能准确地击中预定的目标，与计算机的精确计算是分不开的。一般计算机可以有十几位甚至几十位（二进制）有效数字，计算精度可由千分之几到百万分之几，是任何计算工具所望尘莫及的。

3）逻辑运算能力强。计算机不仅能进行精确计算，还具有逻辑运算功能，能对信息进行比较和判断。计算机能把参与运算的数据、程序及中间结果和最后结果保存起来，并能根据判断结果自动执行下一条指令以供用户随时调用。

4）存储容量大。计算机内部的存储器具有记忆特性，可以存储大量的信息。这些信息不仅包括各类数据信息，还包括加工这些数据的程序。

5）可靠性高。随着微电子技术和计算机技术的发展，现代电子计算机连续无故障运行时间可达到几十万小时以上，具有极高的可靠性。例如，安装在宇宙飞船上的计算机可以连续几年时间可靠地运行。计算机在管理中的应用也具有很高的可靠性，而人工却很容易因疲劳而出错。

6）自动化程度高。由于计算机具有存储记忆能力和逻辑判断能力，因此人们可以将预先编好的程序组纳入计算机内存。在程序控制下，计算机可以连续、自动地工作，不需要人的干预，这是计算机最突出的特点。

2. 计算机的主要分类

计算机的种类很多，而且分类的方法也很多，通常把计算机分为 6 类。

1) 超级计算机 (也称巨型机)。超级计算机的运算速度快、存储容量大、结构复杂、价格昂贵,主要应用于原子能研究、航空航天、石油勘探等领域。截至 2020 年 12 月,世界上运行最快的是日本的超级计算机"富岳"(Fugaku),其运算速度达每秒 44.2 亿亿次,世界上排名第二的超级计算机 Summit 的浮点运算速度可达每秒 20 亿亿次。生产超级计算机的公司有美国的 Cray 公司、TMC 公司,日本的富士通公司、日立公司等。我国研制的天河、神威等系列的巨型机也属于超级计算机。超级计算机是一个国家科研实力的体现,它对国家安全、经济和社会发展具有举足轻重的意义,是国家科技发展水平和综合国力的重要标志。

2) 大型计算机。大型计算机是指通用性强、处理速度快、运算速度仅次于超级计算机的计算机,主要应用于计算机网络和大型计算机中心,一般只有大中型企业才有必要配置和管理它。以大型计算机和其他外部设备为主,配备众多的终端,组成一个计算机中心,才能充分发挥大型计算机的作用。美国 IBM 公司生产的 IBM 370、IBM 9000 等系列,就是国际上较有代表性的大型计算机。

3) 小型计算机。小型计算机的规模小、结构简单、维护方便、成本较低,常用于科研机构和工业控制等领域。例如,高等院校的计算中心以一台小型计算机为主机,配以几十台甚至上百台终端机,以满足大量学生学习的需要。当然,其运算速度和存储容量都比不上大型计算机。美国 DEC 公司生产的 VAX 系列机、IBM 公司生产的 AS/400 机,以及我国生产的太极系列机都是小型计算机的代表。

4) 微型计算机。微型计算机是一种面向个人的计算机,又称为 PC (personal computer,个人计算机)。其体积小、功耗低、功能强、可靠性高、结构灵活,对使用环境要求低,一般家庭和个人都能买得起、用得上,因而得到了迅速普及和广泛应用。微型计算机的普及程度代表了一个国家的计算机应用水平。微型计算机技术发展迅猛,平均每两三个月就有新产品出现,一两年产品就更新换代一次,每两年芯片的集成度就提高 1 倍,性能提高 1 倍。微型计算机的问世和发展,使计算机真正走出了科学的殿堂,进入人类社会生产和生活的各个方面。计算机从过去只限于少数专业人员使用普及到广大民众,成为人们工作和生活不可缺少的工具,从而将人类社会推入信息时代。

5) 工作站。工作站是一种介于微型计算机与小型计算机之间的高档微型计算机系统。其运算速度比微型计算机快,且有较强的联网功能。工作站通常配有高分辨率的大屏幕显示器和大容量的内、外存,具有较强的数据处理能力与高性能的图形功能。工作站一般有较特殊的用途,如图像处理、计算机辅助设计等。需要注意的是,它与网络系统中的"工作站"虽然名称一样,但含义不同。网络上的"工作站"常常泛指联网用户的结点,通常只需要一般的 PC,以区别于网络服务器。

6) 服务器。服务器是指在网络环境下为多用户提供服务的计算机系统,具有强大的并行处理能力、较大容量的存储器、快速的输入/输出通道,在联网中起网络管理作用,提供共享数据和资源。服务器要求具有较好的稳定性和可靠性,并能提供网络环境中的各种通信服务和资源管理功能。该设备连接在网络上,网络用户在通信软件的支持下远程登录,共享各种服务。

况看，新一代的计算机可能在以下几个方面取得革命性的突破。

未来计算机的发展

1. 分子计算机

分子计算机体积小，耗电少，运算快，存储量大。分子计算机的运行是吸收分子晶体上以电荷形式存在的信息，并以更有效的方式进行组织排列。分子计算机的运算过程就是蛋白质分子与周围物理化学介质的相互作用过程，其转换开关为酶，而程序则在酶合成系统本身和蛋白质的结构中极其明显地表示出来。生物分子组成的计算机能在生化环境下，甚至在生物有机体中运行，并能以其他分子形式与外部环境交换。因此，分子计算机将在医疗诊治、遗传追踪和仿生工程中发挥无可替代的作用。分子芯片体积大大减小，而效率大大提高，分子计算机完成一项运算所需的时间仅为 10ps，比人的思维速度快 100 万倍。分子计算机具有惊人的存储容量，$1m^3$ 的 DNA 溶液可存储 1 万亿亿的二进制数据。分子计算机消耗的能量非常小，只有电子计算机的 $1/10^9$。由于分子芯片的原材料是蛋白质分子，因此分子计算机既有自我修复的功能，又可直接与分子活体相连。

2. 量子计算机

量子计算机是利用原子所具有的量子特性进行信息处理的一种全新概念的计算机。量子理论认为，非相互作用下，原子在任一时刻都处于两种状态，称为量子超态。原子会旋转，即同时沿上、下两个方向自旋，这正好与电子计算机 0 与 1 完全吻合。如果把一群原子聚在一起，它们不会像电子计算机那样进行线性运算，而是同时进行所有可能的运算，如量子计算机处理数据时不是分步进行而是同时完成。只要 40 个原子一起计算，就相当于目前一台超级计算机的性能。

3. 光子计算机

光子计算机是一种由光信号进行数字运算、逻辑操作、信息存储和处理的新型计算机。光子计算机的基本组成部件是集成光路，同时还有激光器、透镜和核镜。由于光子的速度比电子的速度快，光子计算机的运行速度可高达一万亿次。它的存储量是现代计算机的几万倍，还可以对语言、图形和手势进行识别与合成。

许多国家都投入巨资进行光子计算机的研究。随着现代光学与计算机技术、微电子技术相结合，在不久的将来，光子计算机将成为人类普遍的工具。

4. 纳米计算机

纳米计算机是用纳米技术研发的新型高性能计算机。纳米管元件尺寸在几到几十纳米范围，质地坚固，有着极强的导电性，能代替硅芯片制造计算机。纳米（nm）是一个计量单位，1nm 等于 $10^{-9}m$，大约是氢原子直径的 10 倍。纳米技术是 20 世纪 80 年代初迅速发展起来的新的前沿科研领域，最终目标是人类能按照自己的意志直接操纵单个原子，制造出具有特定功能的产品。应用纳米技术研制的计算机内存芯片，其体积只有数百个原子大小，相当于人的头发丝直径的 1/1000。纳米计算机不仅几乎不需要耗费任何能源，而且其性能要比目前的计算机强大许多倍。

5．生物计算机

20 世纪 80 年代以来，生物工程学家对人脑、神经元和感受器的研究倾注了很大的精力，以期研制出可以模拟人脑思维、低耗、高效的新一代计算机——生物计算机。用蛋白质制造的计算机芯片，其存储量可以达到普通计算机的 10 亿倍。生物计算机元件的密度比大脑神经元的密度高 100 万倍，传递信息的速度也比人脑思维的速度快 100 万倍。其特点是可以实现分布式联想记忆，并能在一定程度上模拟人和动物的学习功能。生物计算机是一种有知识、会学习、能推理的计算机，具有理解自然语言、声音、文字和图像的能力，并且具有说话的能力，使人机能够用自然语言直接对话；它还可以利用已有的和不断学习到的知识，进行思维、联想、推理，并得出结论；它还能解决复杂问题，具有汇集、记忆、检索有关知识的能力。

1.2 计算机系统的组成

计算机的软硬件系统

学习目标

- 掌握硬件系统的组成及各部分的功能。
- 掌握存储器的度量单位及内外存的工作特点。
- 熟悉常见的输入设备、输出设备的作用与特点。
- 熟悉软件的分类与定义。

1.2.1 计算机硬件系统

一个完整的计算机系统由硬件系统和软件系统组成，这两大部分之间相互依存，缺一不可。

所谓硬件，就是我们看得见、摸得着的物理设备，如键盘、显示器、主机、打印机等。计算机的硬件系统由输入设备、输出设备、存储器、运算器和控制器（controller unit，CU）五大部分组成，如图 1-2 所示。

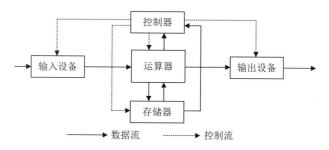

图 1-2 计算机硬件系统的体系结构

1. 硬件系统各部分的功能

（1）运算器

运算器也称为算术逻辑单元（arithmetic logic unit，ALU），其功能是完成算术运算和逻辑运算。算术运算是指加、减、乘、除及它们的复合运算，而逻辑运算是指"与""或""非"等逻辑比较和逻辑判断等操作。在计算机中，任何的复杂运算都可以转化为基本的算术运算与逻辑运算，然后在运算器中完成。

（2）控制器

控制器是计算机的指挥系统，控制器一般由指令寄存器、指令译码器、时序电路和控制电路组成。它的基本功能是从内存取指令和执行指令。指令是指示计算机如何工作的一步操作，由操作码（操作方法）及操作数（操作对象）两部分组成。控制器通过地址访问存储器，逐条取出指令、分析指令，并根据指令产生的控制信号作用于其他各部件来完成指令要求的工作。上述工作周而复始，保证了计算机能自动、连续地工作。

通常将运算器和控制器统称为中央处理器（central processing unit，CPU），也称微处理器，如图 1-3 所示，它是整个计算机的核心部件，是计算机的"大脑"，控制了计算机的运算、处理、输入和输出等工作。

CPU 的主要型号有 Intel 系列的 Pentium（奔腾）和 Celeron（赛扬）、AMD 系列的 Athlon XP 和 Duron 等。CPU 和内存合称主机，主机以外的其他设备，如打印机、键盘等，称为计算机的外部设备。

集成电路技术是制造微型计算机、小型机、大型机和超级计算机的 CPU 的基本技术，它的发展使计算机的速度和能力有了极大的改进。1965 年，芯片巨人 Intel 公司的创始人戈登·摩尔提出了著名的摩尔定律：芯片上的晶体管数量每隔 18～24 个月就会翻一番。让所有人感到惊奇的是，这个定律非常精确地预测了芯片 50 年的发展。1958 年，第一代集成电路

图 1-3　CPU

仅仅包含两个晶体管；1997 年，奔腾 II 处理器则包含了 750 万个晶体管；2000 年的 Pentium 4 Willamette 已达到 0.18μm 技术，集成了 4200 万个晶体管；2010 年的 Core i7-980x 达到 0.32μm 技术，集成了 11.7 亿个晶体管；2013 年的 Core i7 4960x 达到 0.22μm 技术，集成了 18.6 亿个晶体管；而 2015 年，Intel 公司的处理器芯片 Knights Landing Xeon Phi 达到 0.12μm 技术，集成了 80 亿个晶体管。CPU 集成的晶体管数量越大，就意味着越强的芯片计算能力。

（3）存储器

存储器是计算机的记忆装置，它的主要功能是存放程序和数据。程序是计算机操作的依据，数据是计算机操作的对象。

1）信息存储单位。程序和数据在计算机中以二进制的形式存放于存储器中。存储器存储容量的大小以字节（Byte，B）为单位来度量，经常使用 KB（千字节）、MB（兆

字节）、GB（吉字节）和 TB（太字节）来表示。它们之间的关系是：1KB=1024B=2^{10}B，1MB=1024KB=2^{20}B，1GB=1024MB=2^{30}B，1TB=1024GB=2^{40}B。

位（bit）：计算机存储数据的最小单位。机器字中一个单独的符号"0"或"1"被称为一个二进制位，它可以存放一位二进制数。

字节：字节是计算机存储容量的度量单位，也是数据处理的基本单位，8 个二进制位构成一字节。一字节的存储空间称为一个存储单元。

字（word）：计算机处理数据时，一次存取、加工和传递的数据长度称为字。一个字通常由若干字节组成。

字长（word long）：CPU 可以同时处理的数据的长度称为字长。字长决定 CPU 的寄存器和总线的数据宽度。现代计算机的字长有 8 位、16 位、32 位、64 位。

2）存储器的分类。根据与 CPU 联系的密切程度，存储器可分为内存（主存储器）和外存（辅助存储器）两大类。内存在计算机主机内，直接与运算器、控制器交换信息，容量虽小，但存取速度快，一般只存放正在运行的程序和待处理的数据。为了扩大内存的容量，引入了外存，外存作为内存的延伸和后援，间接和 CPU 联系，用来存放一些系统必须使用，但又不急于使用的程序和数据。程序必须调入内存方可执行。外存的存取速度慢，但存储容量大，可以长时间地保存大量信息。

现代计算机系统中广泛应用半导体存储器，从使用功能角度来看，半导体存储器可以分成两大类：断电后数据会丢失的易失性（volatile）存储器和断电后数据不会丢失的非易失性（non-volatile）存储器。微型计算机中的 RAM（random access memory，随机存储器）属于可随机读写的易失性存储器，而 ROM（read-only memory，只读存储器）属于非易失性存储器。

（4）输入设备

输入设备是从计算机外部向计算机内部传送信息的装置。其功能是将数据、程序及其他信息从人们熟悉的形式转换为计算机能够识别和处理的形式并输入计算机内部。

（5）输出设备

输出设备是指将计算机的处理结果传送到计算机外部供计算机用户使用的装置。其功能是将计算机内部二进制形式的数据信息转换成人们所需要的或其他设备能接收和识别的信息形式。

通常我们将输入设备和输出设备统称为 I/O（input/output，输入/输出）设备，它们都属于计算机的外部设备。

小技巧

卡在光驱内的光盘的强制退盘

如果光盘卡在光驱内，无法通过正常的途径退出光盘，这时可以进行强制退盘。将一枚拉直的回形针插入光驱音量调节旋钮上方的小插孔内，即可强制退出光盘。此操作应在关机状态下进行。光盘卡在光驱内的原因可能是光驱的退盘机构不好或光盘不好，需要及时检修。

2. 微型计算机接口和总线概述

接口是 CPU 与 I/O 设备的桥梁，它在 CPU 与 I/O 设备之间起着信息转换和匹配的作用。也就是说，接口电路是处理 CPU 与外部设备之间数据交换的缓冲器，接口电路通过总线与 CPU 相连。由于 CPU 同外部设备的工作方式、工作速度、信号类型等都不相同，因此必须通过接口电路的变换作用将两者匹配起来。

（1）接口

接口就是微处理器与外部设备的连接部件（电路），它是 CPU 与外部设备进行信息交换的中转站。例如，原始数据或源程序要通过接口从输入设备进入计算机，而运算结果要通过接口向输出设备送出去，控制命令也是通过接口发出的，这些来往的信息都是通过接口进行交换与传递的。用户从键盘输入的信息只有通过计算机的处理才能在显示器、打印机中显示或打印。只有通过接口电路，磁盘才可以极大地扩充计算机的存储空间。

接口的作用，就是将计算机以外的信息转换成与计算机匹配的信息，使计算机能够有效地传递和处理。

由于计算机的应用越来越广泛，要求与计算机进行交互的外部设备越来越多，信息的类型也越来越复杂。微型计算机接口本身已不是一些逻辑电路的简单组合，而是采用硬件与软件相结合的方法，因此接口技术是硬件和软件的综合技术。

（2）总线

总线是连接计算机 CPU、内存、外存、各种 I/O 设备的一组物理信号线及其相关的控制电路，它是计算机中传输各部件信息的公共通道。

微型计算机系统大都采用总线结构，这种结构的特点是采用一组公共的信号线作为微型计算机各部件之间的通信线。

各类外部设备和存储器都是通过各自的接口电路连接到微型计算机系统总线上的。因此，用户可以根据自己的需要选用不同类型的外部设备来配置相应的接口电路，把它们连接到系统总线上，从而构成不同用途、不同规模的系统。

3. CMOS 与 BIOS 的基本概念

CMOS（complementary metal-oxide-semiconductor，互补金属氧化物半导体）主要用于存储 BIOS（basic input/output system，基本输入/输出系统）设置程序所设置的参数与数据，而 BIOS 设置程序主要对机器的基本 I/O 系统进行管理与设置，使系统运行在最佳状态下。使用 BIOS 设置程序还可以排除系统故障，或者诊断系统错误。事实上，CMOS 与 BIOS 是机器的一对孪生兄妹，互相关联，又有所区别。

（1）BIOS 和 CMOS 的关系

BIOS 中的系统设置程序是完成 CMOS 参数设置的手段；CMOS RAM 既是 BIOS 设定系统参数的存放场所，又是 BIOS 设定系统参数的结果。因此，它们之间的关系就是"通过 BIOS 设置程序对 CMOS 参数进行设置"。

（2）BIOS 和 CMOS 的区别

CMOS 只是一块存储器，而 BIOS 才是计算机的基本 I/O 系统程序。由于 BIOS 和

CMOS 都与系统设置密切相关，因此在实际使用过程中造成了"BIOS 设置"和"CMOS 设置"的说法，其实指的是同一个意思，但 BIOS 与 CMOS 却是两个完全不同的概念，千万不可混淆。

如果 CMOS 中关于微型计算机的配置信息不正确，会导致系统性能降低和零部件不能识别，并由此引发系统软硬件故障。在 BIOS ROM 芯片中装有一个 BIOS 系统设置程序，用于设置 CMOS RAM 中的参数。该程序一般在开机时按下一个或一组键即可进入，它提供了良好的界面供用户使用。新购的微型计算机或新增了部件的系统，一般均需进行 BIOS 设置。

4. I/O 设备简介

（1）输入设备

计算机常用输入设备有键盘（keyboard）、鼠标（mouse）、扫描仪（scanner）、数码相机（digital camera，DC）等。

1）键盘。键盘是计算机最常用也是最主要的输入设备，一般分为 5 个区，即打字键盘区、功能键区、控制键区、数字键区和状态指示区。打字键盘区又称主键盘区，大量的数据从该区输入；数字键区又称小键盘，如果要输入大批数字，使用该区比较方便。

2）鼠标。因鼠标的外形和老鼠相似，故称鼠标。常用的鼠标有 3 种，即机械式鼠标、光电式鼠标和光学机械式鼠标。目前，最流行的是光学机械式鼠标。此外，随着人们对办公环境和操作便捷性要求的日益增高，无线鼠标也开始被人们广泛使用。

3）扫描仪。扫描仪是一种图形、图像专用输入设备，如图 1-4 所示。利用扫描仪可以将图形、图像、照片、文本从外部环境输入计算机中。如果是文本文件，扫描后需要使用文字识别软件（如清华紫光汉字识别系统、尚书汉字识别系统等）进行识别，识别后的文字以.txt 文件格式保存。

4）数码相机。数码相机是一种无胶片相机，是集光、机、电于一体的电子产品，如图 1-5 所示。

图 1-4　扫描仪　　　　图 1-5　数码相机

常见的其他输入设备还有光笔、条形码读入器、触摸屏等。

（2）输出设备

常用的输出设备有显示器（display）、打印机（printer）和绘图仪（paint instrument）等。

1）显示器。显示器是计算机不可缺少的输出设备，用户通过它可以很方便地查看送入计算机的程序、数据和图形等信息，以及经过计算机处理后的中间结果、最后结果，是人机对话的主要工具。显示器由一根视频电缆与主机的显示卡（简称显卡）相连。

显示器主要有阴极射线管（cathode ray tube，CRT）显示器和液晶显示器（liquid crystal display，LCD）两种。阴极射线管显示器因其价格低廉曾被广泛使用；液晶显示器因价格高昂，以前使用相对较少，笔记本式计算机都使用液晶显示器，现在由于价格的下降而成为配置计算机的首选。如图1-6所示为液晶显示器。

显示器系统由监视器和显示控制器组成。监视器就是我们日常所说的显示器，显示控制器就是通常所说的显卡，如图1-7所示。

图1-6　液晶显示器　　　　　　　　图1-7　显卡

显示器有两个主要技术指标：点距和分辨率。点距就是屏幕上两个光点（也称像素点）之间的距离。分辨率是指屏幕上一行能显示多少个光点，每屏能显示多少行，如分辨率为800×600，就是指每屏能显示800×600个光点。

2）打印机。打印机用于把文字或图形在纸上输出，以供阅读和保存。它通过一根并口电缆与主机后面的并行口相连。

打印机按工作原理可粗分为两类：击打式打印机和非击打式打印机。击打式打印机主要是指针式打印机，针式打印机的成本低廉且易耗品（色带）便宜，曾被广泛使用，但它的打印质量不高，噪声大，目前已很少使用，LQ-1600K是针式打印机的代表。非击打式的喷墨打印机和激光打印机是目前使用最广泛的打印机。激光打印机的打印质量高，速度快，噪声小，价格较为适中；喷墨打印机能以比较经济的代价输出彩色图像，噪声小，打印效果良好，所以使用也比较广泛。喷墨打印机的不足之处是墨水（墨盒）成本高，消耗快。

3）绘图仪。打印机主要用来打印文字和简单的图形，工程中的各种图纸则需要使用绘图仪输出。例如，在计算机辅助设计和计算机辅助制造中，就需要用绘图仪来打印输出。

1.2.2　计算机软件系统

一个完整的计算机系统是由硬件和软件两部分组成的。硬

查看计算机的软硬件配置

件是组成计算机的物理实体，但仅有硬件计算机还不能工作，要使用计算机解决各种问题，必须有软件的支持，软件是介于用户和硬件系统之间的界面。

"软件"一词于 20 世纪 60 年代初传入我国。国际标准化组织（International Organization for Standardization，ISO）将软件定义为：电子计算机程序及运用数据处理系统所必需的手续、规则和文件的总称。对此定义，一种公认的解释是，软件由程序和文档两部分组成。程序由计算机最基本的指令组成，是计算机可以识别和执行的操作步骤；文档是指用自然语言或形式化语言编写的用来描述程序的内容、组成、功能规格、开发情况、测试结构和使用方法的文字资料和图表。程序是具有目的性和可执行性的，文档则是对程序的解释和说明。

程序是软件的主体。软件按其功能划分，可分为系统软件和应用软件两大类。

1. 系统软件

系统软件是指为管理、维护和使用计算机所编制的软件。系统软件主要有操作系统、数据库管理系统和语言处理程序（也称编译系统）三大类。

（1）操作系统

操作系统是系统软件的核心。为了使计算机系统的所有资源（包括硬件和软件）协调一致、有条不紊地工作，就必须用一个软件来进行统一管理和统一调度，这种软件就称为操作系统。它的功能就是管理计算机系统的全部硬件资源、软件资源及数据资源。操作系统是最基本的系统软件，其他的所有软件都是建立在操作系统的基础之上的。操作系统是用户与计算机硬件之间的接口，没有操作系统作为中介，用户对计算机的操作和使用将变得非常困难且低效。操作系统能够合理地组织计算机的整个工作流程，最大限度地提高资源利用率。操作系统在为用户提供一个方便、友善、使用灵活的服务界面的同时，也提供了其他软件开发、运行的平台。它具备 5 个方面的功能，即 CPU 管理、作业管理、存储器管理、设备管理及文件管理。操作系统是每一台计算机必不可少的软件，现在具有一定规模的现代计算机甚至具备几个不同的操作系统。操作系统的性能在很大程度上决定了计算机系统工作的优劣。微型计算机常用的操作系统有 DOS（disk operating system）、UNIX、Linux、Windows 98/2000、NetWare、Windows XP、Windows 7、Windows 8、Windows 9、Windows 10、Mac OS X 等。

（2）数据库管理系统

数据库技术是计算机技术中发展最快、用途广泛的一个分支，可以说，在今后的各项计算机应用开发中都离不开数据库技术。数据库管理系统是对计算机中所存放的大量数据进行组织、管理、查询并提供一定处理功能的大型系统软件。其主要分为两类，一类是基于微型计算机的小型数据库管理系统，如 Access；另一类是大型数据库管理系统，如 Oracle 等。

（3）语言处理程序

语言处理程序的功能是将除机器语言外，利用其他计算机语言编写的程序转换为机器所能直接识别并执行的机器语言程序的程序。语言处理程序可以分为 3 种类型，即汇编程序、编译程序和解释程序。通常将汇编语言及各种高级语言编写的计算机程序称为源程序（source program），而把由源程序经过翻译（汇编或编译）而生成的机器指令程序称为目标程序（object program）。语言处理程序中的汇编程序与编译程序具有一个共同的特点，即必须生成目标程序，然后通过执行目标程序得到最终结果。而解释程序是对源程序进行解释（逐句翻译），翻译一句执行一句，边解释边执行，从而得到最终结果。解释程序不产生将被执行的目标程序，而是直接执行源程序本身。

计算机语言是人与计算机交流的一种工具，这种交流被称为计算机程序设计。程序设计语言按其发展演变过程可分为 3 种：机器语言、汇编语言和高级语言，前两者统称为低级语言。

1）机器语言。在计算机诞生之初，人们直接使用二进制数 0 和 1 来编写程序，这种由 0 和 1 组成的一组代码指令称为机器语言。机器语言是计算机能直接识别和执行的语言。

由于机器语言比较难记，因此现在已经不再用来编写程序。

2）汇编语言。为了解决使用机器语言编写应用程序所带来的一系列问题，人们首先想到了使用助记符号来代替不容易记忆的机器指令。这种使用助记符号来表示计算机指令的语言称为汇编语言，也称符号语言。使用汇编语言编写的程序称为源程序。计算机不能直接识别和处理源程序，必须通过某种方法将它翻译成计算机能够理解并执行的机器语言，执行这个翻译工作的程序称为汇编程序。

但正是由于汇编语言与计算机硬件系统关系密切，迄今为止在某些特定的场合，如对时空效率要求很高的系统核心程序及实时控制程序等，汇编语言仍然是十分有效的程序设计工具。

3）高级语言。高级语言是一类接近于人类自然语言和数学语言的程序设计语言的统称。按照其程序设计的出发点和方式不同，高级语言分为面向过程的语言和面向对象的语言。Fortran 语言、C 语言等都是面向过程的程序设计语言。在面向过程的程序设计方法中，其最重要的特点是函数，通过主函数来调用一个个子函数，程序运行的顺序都是程序员决定好了的。而以 C++语言、Smalltalk 语言等为代表的属于面向对象的程序设计语言，类是其主要特点，程序在执行过程中，先由主函数进入，定义一些类，根据需要执行类的成员函数，类就是对象，所以我们称其为面向对象程序设计。

2. 应用软件

应用软件是指为解决计算机各类问题而编写的软件，其又可分为用户程序与应用软件包。应用软件随着计算机应用领域的不断扩展而与日俱增。

（1）用户程序

用户程序是用户为了解决特定的具体问题而开发的软件。编制用户程序应充分利用计算机系统的种种现成软件，在系统软件和应用软件包的支持下可以更加方便、有效地开发用户专用程序，如火车站票务管理系统、人事管理系统和财务管理系统等。

（2）应用软件包

应用软件包是为实现某种特殊功能而经过精心设计的、结构严密的独立系统，是一套满足同类应用的许多用户所需要的软件。例如，微软公司发布的 Office 2019 应用软件包，包含 Word 2019（文字处理）、Excel 2019（电子表格）、PowerPoint 2019（幻灯片）、

Access 2019（数据库管理）等应用软件，是实现办公自动化的应用软件包。

1.2.3　计算机的工作原理与主要技术指标

IT 界风云人物

1. 计算机的指令系统

计算机根据人们预定的安排，自动地进行数据的快速计算和加工处理。人们预定的安排是通过一连串指令（操作者的命令）来表达的，该指令序列称为程序。一个指令规定计算机执行一个基本操作。一个程序规定计算机完成一个完整的任务。一种计算机所能识别的一组不同指令的集合称为该种计算机的指令集合或指令系统。在微型计算机的指令系统中，主要使用单地址和二地址指令，其中，第一个字节是操作码，规定计算机要执行的基本操作；第二个字节是操作数。计算机指令包括以下类型：数据处理指令（加、减、乘、除等）、数据传送指令、程序控制指令、状态管理指令。

2. 工作原理

计算机在运行时，先从内存中取出第一条指令，通过控制器的译码，按指令的要求，从存储器中取出数据进行指定的运算和逻辑操作等加工，然后按地址把结果送到内存中。接下来，再取出第二条指令，在控制器的指挥下完成规定操作。依此进行下去，直至遇到停止指令。程序与数据一样存储，按程序编排的顺序，一步一步地取出指令，自动地完成指令规定的操作，如图 1-8 所示。

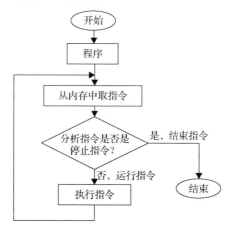

图 1-8　程序指令的工作方式

目前，绝大多数计算机仍按照这一设计思想设计工作，这一设计思想的核心是存储程序工作方式，即我们通常所说的计算机工作原理——存储程序工作原理。这一原理最初是由美籍匈牙利数学家冯·诺依曼于 1945 年提出来的，故称为冯·诺依曼原理。

3. 主要技术指标

计算机的主要技术指标如下：

1）CPU 类型。CPU 类型是指微型计算机系统所采用的 CPU 芯片型号，它决定了微型计算机系统的档次。

2）字长。字长是指 CPU 一次最多可同时传送和处理的二进制位数。字长直接影响计算机的功能、用途和应用范围，字长越长，表示一次读写和处理的数的范围越大，处理数据的速度越快，计算精度越高。例如，Pentium 是 64 位字长的微处理器，即数据位数是 64 位，而它的寻址位数是 32 位。

3）时钟频率和机器周期。时钟频率又称主频，它是指 CPU 内部晶振的频率，常用单位为兆赫兹（MHz），它反映了 CPU 的基本工作节拍。一个机器周期由若干个时钟周期组成，在机器语言中，使用执行一条指令所需要的机器周期数来说明指令执行的速度。一般使用 CPU 类型和时钟频率来说明计算机的档次，如 Pentium III 500 等。

4）运算速度。运算速度是指计算机每秒能执行的指令数，单位有 MIPS（每秒百万条指令，million instructions per second）、MFLOPS（每秒百万条浮点指令，million floating point operations per second）。

5）存取速度。存取速度是指存储器完成一次读取或写存操作所需的时间，又称存储器的存取时间或访问时间。而连续两次读或写所需要的最短时间称为存储周期。对于半导体存储器来说，存储周期为几十到几百毫秒。存取速度的快慢会影响计算机的速度。

6）内、外存的容量。内存容量即内存能够存储信息的字节数。外存是可将程序和数据永久保存的存储介质，可以说其容量是无限的，如硬盘、U 盘已是微型计算机系统中不可缺少的外部设备。迄今为止，所有的计算机系统都是基于冯·诺依曼存储程序的原理。内、外存容量越大，所能运行的软件功能就越丰富。CPU 的高速度和外存的低速度是微型计算机系统工作过程中的主要瓶颈现象，但是由于硬盘的存取速度不断提高，目前这种现象已有所改善。

1.3　计算机的信息表示

 学习目标

- 了解数据、信息、数制的相关概念。
- 掌握二进制整数与十进制整数之间的转换。
- 熟悉数值数据在计算机中的表示。
- 熟悉文本数据在计算机中的表示。

1.3.1　数据与信息

计算机的产生和发展极大地提高了人类处理信息的能力，促进了人类对世界的认识及人类社会的发展，使人类逐步进入围绕信息而存在和发展的社会。21 世纪被称为信息时代，每个人都需要会使用计算机收集、处理信息，才能不落后于时代。当今社会信息同物质、能源一样重要，是人类生存和社会发展的三大基本资源之一，是社会发展水平的重要标志。而能否迅速有效地获取、处理和利用信息已经成为一个国家发展经济、发展科研、提高综合能力的关键，也是判断一个国家的经济实力及其国际能力的重要标志。

什么是信息呢？信息是以一定的方式和目的存在、具有一定结构的数据集合。信息一般是指消息、情报、资料、数据、信号等所包含的内容。

信息描述的是事物运动的状态或存在方式而不是事物本身，因此，它必须借助于某种形式表现出来，即数据。数据是可以计算机化的一串符号序列，是对客观事物的性质、状态及相互关系等进行记载的物理符号或这些物理符号的组合。它不仅指狭义上的数字，还可以是具有一定意义的文字、字母、数字符号的组合、图形、图像、视频、音频等，也是客观事物的属性、数量、位置及其相互关系的抽象表示。例如，"0、1、2、…""阴、雨、下降、气温""学生的档案记录、货物的运输情况"等都是数据。现在计算机存储和处理的对象十分广泛，表示这些对象的数据也随之变得越来越复杂。

数据和信息是不可分离的，信息依赖数据来表达，数据则生动具体地表达出信息。数据是符号，是物理性的；信息是对数据进行加工处理之后所得到的并对决策产生影响的数据，是逻辑性和观念性的。数据是信息的表现形式，信息是数据有意义的表示。数据是信息的表达、载体，信息是数据的内涵，是形与质的关系。数据本身没有意义，它只有对实体行为产生影响时才成为信息。

1.3.2 计算机中的数制及转换

在计算机系统中，数字和符号都是用电子元件的不同状态表示的，即用电信号表示。根据这一特点，计算机采用二进制来实现数据的存储和运算。对数制的了解和掌握对于进一步学习和掌握计算机技术是十分必要的。

1. 数制概述

（1）数制的 3 个要素

在计算机的数制中，有数码、基数和位权 3 个要素，分别如下。

1）数码：一个数制中表示基本数值大小的不同数字符号。例如，二进制有 2 个数码：0 和 1。

2）基数：一个数值所使用数码的个数。例如，二进制的基数为 2，数码是 0、1；十进制的基数为 10，数码是 0、1、2、3、4、5、6、7、8、9。

3）位权：一个数值中某一位上的 1 所表示数值的大小。例如，十进制数 689，其中 6 的位权是 100，8 的位权是 10，9 的位权是 1。

（2）数制的规则

数制的规则有以下几点。

1）如果是 N 进制数，则必须是逢 N 进 1。

2）一般情况下，对于 N 进制数，整数部分第 i 位的位权为 N^{i-1}，而小数部分第 j 位的位权为 N^{-j}。

3）一般我们用"（　　）$_{角标}$"表示不同进制的数。例如，十进制数用"（　　）$_{10}$"表示，二进制数用"（　　）$_2$"表示。

4）在微型计算机中，一般在数字的后面用特定字母表示该数的进制。例如，B——二进制，D——十进制，O——八进制，H——十六进制。

（3）十进制数

十进制数的特点如下。

1）十进制数有 10 个数码：0、1、2、3、4、5、6、7、8、9。

2）基数为 10。

3）逢十进一（加法运算），借一当十（减法运算）。

4）整数部分的位权从右至左分别是 10^0、10^1、10^2、$\cdots$，小数部分的位权从左至右分别是 10^{-1}、10^{-2}、10^{-3}、$\cdots$。例如，十进制数 5812.28 表示为

$$(5812.28)_{10} = 5\times10^3 + 8\times10^2 + 1\times10^1 + 2\times10^0 + 2\times10^{-1} + 8\times10^{-2}$$

（4）二进制数

二进制使用数字 0、1 来表示数值，且采用"逢二进一"的进位计数制。二进制数中处于不同位置上的数字代表不同的值。每一个数字的权由 2 的幂次决定，二进制数的基数为 2。二进制数也具有与十进制数相类似的特点。

例如，二进制数 1101 可表示为

$$(1101)_2 = 1\times2^3 + 1\times2^2 + 0\times2^1 + 1\times2^0$$

二进制的进位方式是"逢二进一"，即每位计数满 2 时向高位进 1。对于二进制数，小数点向右移一位，数就扩大 2 倍；反之，小数点向左移一位，数就缩小 2 倍。例如：

$$1101.1011 = 110.11011\times10$$
$$1011.011 = 10110.11\times1/10$$

注意：上式中等号右边的 10 是二进制数，等于十进制数的 2，而不是十进制数的 10。

该性质与十进制数类似，只不过在十进制数中，小数点右移一位，数就扩大 10 倍；反之小数点左移一位，数就缩小 10 倍。

二进制数的加法和乘法运算规则如下。

加法运算规则：0+0=0，1+0=1，0+1=1，1+1=10（进位：逢二进一）。

例如，求（11001）$_2$+（11001）$_2$ 的值。

解：

$$
\begin{array}{r}
11001 \\
+\ 11001 \\
\hline
110010
\end{array}
$$

运算步骤如下：

1）最右数码位相加。这里加数和被加数的最后一位分别为"1"和"1"，根据"逢二进一"的加法运算规则可知，相加后为"（10）$_2$"，此时把后面的"0"留下，而把第一位的"1"向高一位进"1"。

2）倒数第二位相加。这里加数和被加数的倒数第二位都为"0"，根据"逢二进一"的加法运算规则可知，本来结果应为"0"，但倒数第一位已向这位进"1"了，相当于要加被加数、加数、进位这 3 个数，所以结果应为 0+1=1。

3）倒数第三位相加。这里加数和被加数的倒数第三位都为"0"，根据"逢二进一"的加法运算规则可知，结果应为"0"。

4）倒数第四位相加。这里加数和被加数的倒数第四位分别为"1"和"1"，根据加法运算规则可知，相加后为"$(10)_2$"，此时把后面的"0"留下，而把第一位的"1"向高一位进"1"。

5）最高位相加。这里加数和被加数的最高位都为"1"，根据"逢二进一"的加法运算规则可知，相加后为"$(10)_2$"。一位只能有一个数字，所以需要再向前进"1"，本位留下"0"，但倒数第四位已向这位进"1"了，这样该位相加后就得到"1"，而新的最高位为"1"。

通过以上运算，可以得到 $(11001)_2 + (11001)_2 = (110010)_2$。

总结：从以上加法的过程可知，当两个二进制数相加时，每一位是 3 个数相加，即将被加数、加数和来自低位的进位相加（进位可能是 0，也可能是 1）。

乘法运算规则：$0 \times 0 = 0$，$1 \times 0 = 0$，$0 \times 1 = 0$，$1 \times 1 = 1$。

（5）八进制数

八进制数的特点如下。

1）八进制数有 8 个数码：0、1、2、3、4、5、6、7。

2）基数为 8。

3）逢八进一（加法运算），借一当八（减法运算）。

例如，求 $(107)_8 + (254)_8$ 的值。

解：

$$
\begin{array}{r}
107 \\
+\ 254 \\
\hline
{}_{1} \\
363
\end{array}
$$

运算步骤如下：

1）最右数码位相加。这里加数和被加数的最后一位分别为"7"和"4"，根据"逢八进一"的加法运算规则可知，相加后为"$(13)_8$"，此时把后面的"3"留下，而把第一位的"1"向高一位进"1"。

2）倒数第二位相加。这里加数和被加数的倒数第二位分别为"0"和"5"，根据"逢八进一"的加法运算规则可知，本来结果应为"5"，但倒数第一位已向这位进"1"了，相当于要加被加数、加数、进位这 3 个数，所以结果应为 5+1=6。

3）最高位相加。这里加数和被加数的最高位分别为"1"和"2"，根据"逢八进一"的加法运算规则可知，相加后为"3"。

通过以上运算，可以得到 $(107)_8 + (254)_8 = (363)_8$。

八进制数各位的权值数部分从右至左分别是 …、8^{-2}、8^{-1}、8^0、8^1、8^2、…。例如，

八进制数（1230.456）$_8$可表示为

$$（1230.456）_8 = 1 \times 8^3 + 2 \times 8^2 + 3 \times 8^1 + 0 \times 8^0 + 4 \times 8^{-1} + 5 \times 8^{-2} + 6 \times 8^{-3}$$

（6）十六进制数

十六进制数的特点如下。

1）十六进制数有 16 个数码：0～9、A、B、C、D、E、F。

2）基数为 16。

3）逢十六进一（加法运算），借一当十六（减法运算）。

例如，求（4BD）$_{16}$+（1F5）$_{16}$的值。

解：

$$
\begin{array}{r}
4BD \\
+\ 1F5 \\
\scriptstyle 1\ 1 \\
\hline
6B2
\end{array}
$$

运算步骤如下：

1）最右数码位相加。这里加数和被加数的最后一位分别为"D"和"5"，根据"逢十六进一"的加法运算规则可知，相加后为"（12）$_{16}$"，此时把后面的"2"留下，而把第一位的"1"向高一位进"1"。

2）倒数第二位相加。这里加数和被加数的倒数第二位分别为"B"和"F"，根据"逢十六进一"的加法运算规则可知，相加后为"（1A）$_{16}$"，但倒数第一位已向这位进"1"了，相当于要加被加数、加数、进位这 3 个数，所以结果应为 A+1=B。

3）最高位相加。这里加数和被加数的最高位分别为"4"和"1"，根据"逢十六进一"的加法运算规则可知，相加后为"5"，但倒数第二位已向这位进"1"了，所以结果应为 5+1=6。

通过以上运算，可以得到（4BD）$_{16}$+（1F5）$_{16}$=（6B2）$_{16}$。

各位的权值数部分从右至左分别是…、16^{-2}、16^{-1}、16^0、16^1、16^2、…。例如，十六进制数（37B5）$_{16}$可表示为

$$（37B5）_{16} = 3 \times 16^3 + 7 \times 16^2 + 11 \times 16^1 + 5 \times 16^0$$

2. 数制间的相互转换

将数由一种数制转换为另一种数制称为数制的转换。由于日常生活中通常使用的是十进制数，要用计算机处理十进制数，必须先把它转换为二进制数才能被计算机所接收；同理，计算结果应将二进制数转换为人们习惯的十进制数。这就产生了不同进制数之间的转换问题。不过，这两个转换过程完全由计算机系统自行完成，不需要人的参与。而在计算机中引入八进制和十六进制的目的是书写和表示上的方便，在计算机内部信息的存储和处理仍然采用二进制数。

（1）十进制数与二进制数之间的转换

1）十进制整数转换为二进制整数。一个十进制整数转换为二进制整数的方法是，把被转换的十进制整数反复除以 2，直到商为 0，所得的余数（从末位读起）就是这个数的二进制表示，简单地说就是"除 2 取余法"。

例如，将十进制整数（215）$_{10}$转换为二进制整数。

$$
\begin{array}{r|l}
 & \text{余数} \\
2\,\underline{|\,215} & 1 \\
\quad 2\,\underline{|\,107} & 1 \\
\qquad 2\,\underline{|\,53} & 1 \\
\qquad\quad 2\,\underline{|\,26} & 0 \\
\qquad\qquad 2\,\underline{|\,13} & 1 \\
\qquad\qquad\quad 2\,\underline{|\,6} & 0 \\
\qquad\qquad\qquad 2\,\underline{|\,3} & 1 \\
\qquad\qquad\qquad\quad 2\,\underline{|\,1} & 1 \\
\qquad\qquad\qquad\qquad 0 &
\end{array}
$$

因此，（215）$_{10}$=（11010111）$_2$。

理解了十进制整数转换为二进制整数的方法以后，十进制整数转换为八进制整数或十六进制整数就很容易了。十进制整数转换为八进制整数的方法是"除 8 取余法"，十进制整数转换为十六进制整数的方法是"除 16 取余法"。

2）十进制小数转换为二进制小数。十进制小数转换为二进制小数的方法是，将十进制小数连续乘以 2，选取进位整数，直到满足精度要求为止，简称"乘 2 取整法"。

例如，将十进制小数（0.6875）$_{10}$转换为二进制小数。将十进制小数（0.6875）$_{10}$连续乘以 2，把每次所进位的整数按从上往下的顺序写出。

$$
\begin{array}{r l}
0.6875 & \\
\times)\ \ 2 & \\
\hline
1.3750 & \text{整数}=1 \\
0.3750 & \\
\times)\ \ 2 & \\
\hline
0.7500 & \text{整数}=0 \\
\times)\ \ 2 & \\
\hline
1.5000 & \text{整数}=1 \\
0.5000 & \\
\times)\ \ 2 & \\
\hline
1.0 & \text{整数}=1
\end{array}
$$

因此，（0.6875）$_{10}$=（0.1011）$_2$。

理解了十进制小数转换为二进制小数的方法以后，十进制小数转换为八进制小数或十六进制小数就很容易了。十进制小数转换为八进制小数的方法是"乘 8 取整法"，十进制小数转换为十六进制小数的方法是"乘 16 取整法"。

3）二进制数转换为十进制数。把二进制数转换为十进制数的方法是，将二进制数按权展开求和即可。

例如，将（10110011.101）$_2$转换为十进制数。

1×2^7　　　　　代表十进制数 128

0×2^6　　　　　代表十进制数 0

$$1×2^5 \qquad 代表十进制数 32$$
$$1×2^4 \qquad 代表十进制数 16$$
$$0×2^3 \qquad 代表十进制数 0$$
$$0×2^2 \qquad 代表十进制数 0$$
$$1×2^1 \qquad 代表十进制数 2$$
$$1×2^0 \qquad 代表十进制数 1$$
$$1×2^{-1} \qquad 代表十进制数 0.5$$
$$0×2^{-2} \qquad 代表十进制数 0$$
$$1×2^{-3} \qquad 代表十进制数 0.125$$

因此，$(10110011.101)_2=128+32+16+2+1+0.5+0.12=(179.625)_{10}$。

同理，其他非十进制数转换为十进制数也是把各个非十进制数按权展开求和。例如，把八进制数（或十六进制数）写成 8（或 16）的各次幂之和的形式，然后计算其结果。

（2）二进制数与八进制数之间的转换

二进制数与八进制数之间的转换十分简捷方便，它们之间的对应关系是，八进制数的每一位对应二进制数的 3 位。

1）二进制数转换为八进制数。由于二进制数和八进制数之间存在特殊关系，即 $8^1=2^3$，因此转换方法比较容易，具体转换方法是，将二进制数从小数点开始，整数部分从右向左 3 位一组，小数部分从左向右 3 位一组，不足 3 位用 0 补足即可，然后每 3 位二进制数转换为 1 位八进制数。

例如，将 $(10110101110.11011)_2$ 转换为八进制数。

解：$\underline{010} \qquad \underline{110} \qquad \underline{101} \qquad \underline{110} \quad . \quad \underline{110} \qquad \underline{110}$
$\downarrow \qquad\quad \downarrow \qquad\quad \downarrow \qquad\quad \downarrow \qquad\quad\quad \downarrow \qquad\quad \downarrow$
$2 \qquad\quad 6 \qquad\quad 5 \qquad\quad 6 \quad . \quad 6 \qquad\quad 6$

因此，$(10110101110.11011)_2=(2656.66)_8$。

2）八进制数转换为二进制数。

方法：以小数点为界，向左或向右每一位八进制数用相应的 3 位二进制数取代，然后将其连在一起即可。

例如，将 $(6237.431)_8$ 转换为二进制数。

解：$6 \qquad 2 \qquad 3 \qquad 7 \quad . \quad 4 \qquad 3 \qquad 1$
$\downarrow \qquad \downarrow \qquad \downarrow \qquad \downarrow \qquad\quad \downarrow \qquad \downarrow \qquad \downarrow$
$110 \quad 010 \quad 011 \quad 111 \quad . \quad 100 \quad 011 \quad 001$

因此，$(6237.431)_8=(110010011111.100011001)_2$。

（3）二进制数与十六进制数之间的转换

1）二进制数转换为十六进制数。二进制数的每 4 位刚好对应十六进制数的一位（$16^1=2^4$），其转换方法是，将二进制数从小数点开始，整数部分从右向左 4 位一组，小数部分从左向右 4 位一组，不足 4 位用 0 补足，每组对应一位十六进制数，即可得到十六进制数。

例如，将二进制数（101001010111.110110101）$_2$ 转换为十六进制数。

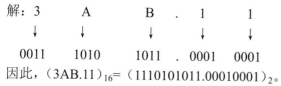

因此，（101001010111.110110101）$_2$＝（A57.DA8）$_{16}$。

2）十六进制数转换为二进制数。

方法：以小数点为界，向左或向右每一位十六进制数用相应的 4 位二进制数取代，然后将其连在一起即可。

例如，将（3AB.11）$_{16}$ 转换成二进制数。

解：3　　　A　　　B　.　1　　　1
　　↓　　　↓　　　↓　　　↓　　　↓
　0011　　1010　　1011　.　0001　0001

进制数的转换

因此，（3AB.11）$_{16}$＝（1110101011.00010001）$_2$。

1.3.3　数值数据在计算机中的表示

计算机中的数值数据分为整数和实数两种，下面分别介绍它们的二进制表示方法。

1. 整数（定点数）表示

定点数的含义是约定小数点在某一固定位置上。整数可用定点数表示，约定小数点的位置在数值的最右边。整数分为两类：无符号整数和有符号整数。

（1）无符号整数

无符号整数常用于表示地址等正整数，可以是 8 位、16 位、32 位或更多位数。8 位的正整数的表示范围是 0～255（2^8-1），16 位的正整数的表示范围是 0～65535（$2^{16}-1$），32 位的正整数的表示范围是 0～4294967295（$2^{32}-1$）。

（2）有符号整数

有符号整数使用一个二进制位作为符号位，一般符号位放在所有数位的最左面一位（最高位），"0"代表正号"＋"（正数），"1"代表负号"－"（负数），其余各位用来表示数值的大小。可以采用不同的方法表示有符号整数，一般有真值、原码、反码和补码。为简化起见，以下假设只用一个字节来表示一个整数。

1）真值：某个带符号数的真实值，通常用十进制数表示，正（负）号表示符号。

2）原码：数值数据的原码表示是将最高位作为符号位，将真值前面的正（负）号用代码 0（1）表示，其余各位用数值本身的绝对值（二进制形式）表示。假设用[X]$_原$表示 X 的原码，则

　　　　　[+1]$_原$＝00000001　　　　　　　　[+127]$_原$＝01111111
　　　　　[-1]$_原$＝10000001　　　　　　　　[-127]$_原$＝11111111

对于 0 的原码表示，+0 和-0 的表示形式不同，即 0 的原码表示不唯一。

　　　　　[+0]$_原$＝00000000　　　　　　　　[-0]$_原$＝10000000

由此可以看出，8 位原码表示的最大值是 127，最小值是-127，表示数的范围为-127～

+127。

例如：

符号位

表示二进制数+1011101，即十进制数 93。

| 1 | 1 | 0 | 1 | 1 | 1 | 0 | 1 |

符号位

表示二进制数-1011101，即十进制数-93。

3）反码：数值数据的反码表示规则是，如果一个数值为正，则它的反码与原码相同；如果一个数值为负，则符号位为 1，其余各位是对数值位取反。假设用[X]反表示 X 的反码，则

[+1]反=00000001   [+127]反=01111111
[-1]反=11111110   [-127]反=10000000

对于 0 的反码表示，+0 和-0 的表示形式同样不同，即 0 的反码表示不唯一。

[+0]反=00000000   [-0]反=11111111

用 8 位反码表示的最大值为 127，其反码为 01111111；最小值为-127，其反码为 10000000。

4）补码：在反码的末位加 1。原码和反码都不便于计算机内的运算，因为在运算中要单独处理其符号。例如，对以原码表示的+7 和-9 相加，必须先判断各自的符号位，然后对后 7 位进行相应的处理，很不方便。因此，最好能做到将符号位和其他位统一处理，对减法也按加法来处理，这时就需要补码。

补码的原理可以用时钟来说明。例如，要将时针从 9 点拨到 4 点，可以向前拨，也可以向后拨，其表示如下：

9-5=4（向后拨 5 个字）   9+7=16（向前拨 7 个字）

可见，向后拨 5 个字能指向 4，向前拨 7 个字也能指向 4。时钟是十二进制的，可以把 12 点看成 0 点，12 点的下一个时针指向是 1 点，13 点就是 1 点，其实是进位后得到了十二进制数 11，其中第一个 1 是进位，即高位，第二个 1 是低位。高位不保留，只保留低位，因此 16 点用十二进制数表示为 4，高位不保留，在时钟上就是 4 点，用十进制数可表示为 16-12=4。

上例中，用减法和加法都能得到 4，其中 12 被称为模，5 和 7 被称为模 12 下互补，即 5 的补数是 7，7 的补数是 5。

这个例子可以推广到其他进制，如十进制、二进制等。在计算机中，以一个有限长度的二进制作为数的模，如果用 1 字节表示 1 个数，1 字节为 8 位，因为逢 2^8 就进 1，所以模为 2^8。

对于补码是这样规定的：正数的原码、反码、补码都相同的；负数的最高位为 1，

其余各位为数值位的绝对值取反，然后对整个数加 1。假设用 $[X]_{补}$ 表示 X 补码，则

$$[+1]_{补}=00000001 \qquad [+127]_{补}=01111111$$
$$[-1]_{补}=11111111 \qquad [-127]_{补}=10000001$$

在补码表示中，0 的补码表示是唯一的。

$$[+0]_{补}=[-0]_{补}=00000000$$

因此，在补码表示中多出来一个编码 10000000，把 10000000 的最高位 1 既看作符号位，又看作数值位，其值为-128，这样补码表示的数值范围可扩展一个，负数最小值为-128，而不是-127。

用 8 位补码表示的数值数据其最大值为 127，最小值为-128，表示数的范围为-128~ +127。计算机一般是以补码形式存放数值数据的。

例如，求-51 的补码。-51 为负数，所以符号位为 1，绝对值部分是原码的每一位取反后再在末位加 1。

$$[-51]_{原}=10110011$$

其绝对值部分的每一位取反后，得 11001100；再在取反后的数值末位加 1，得 11001101，即

$$[-51]_{补}=11001101$$

用补码进行运算，减法可以用加法来实现。例如，+7-6 应得 1，可以将+7 的补码和-6 的补码相加，即可得到结果值的补码。

+7 的补码：　　　　　　0　0　0　0　0　1　1　1
-6 的补码：　　　　+　1　1　1　1　1　0　1　0
　　　　　　　　　1　0　0　0　0　0　0　0　1
　　　　　　　　　↑
　　　　　　　　　进位

进位被舍去，进位右边的 8 位 00000001 就是 1 的补码。

2. 实数（浮点数）表示

在一定的字长下，整数表示的数值范围是有限的，这在许多应用特别是科学计算中是不够用的。因此，为了能在计算机中表示既有整数部分又有小数部分的数和一些绝对值特别大的数或特别小的数，引入浮点表示方法来表示实数。

在浮点表示方法中，任何一个数均可表示为

$$N=M \cdot R^E$$

式中，M 为该数的尾数；E 为该数的阶码；R 为阶码的基数。

在许多计算机高级语言中，数值型常量都可以写成浮点数的形式。例如，4.32E-2 表示 $4.32 \times 10^{-2}=0.0432$。这里 4.32 是尾数，-2 是阶码，而基数为 10。又如，0.432E-1 表示 $0.432 \times 10^{-1}=0.0432$，4.32E+1 表示 $4.32 \times 10^{+1}=43.2$。

从上面的例子中可以看出浮点数表示方法的特点：一是同一数值可以有不同的浮点表示形式，如 0.0432 可表示成 4.32E-2 或 0.432E-1；二是在相同尾数的情况下，阶码的

大小可用来调节所代表数值中小数点的实际位置，如 4.32E-2 和 4.32E+1。

这里还要说明一点，基数是隐含约定的，如上例中 $R=10$，并未在其浮点表示形式中明显地出现。

在计算机内部表示的浮点形式的实数，无论其尾数部分还是阶码部分都是二进制数，且尾数部分是二进制定点纯小数，而阶码部分则为二进制定点整数；基数通常隐含为 2，即 $R=2$。在浮点数表示中，数符和阶符都各占一位，阶码的位数表示数的大小范围，尾数的位数表示数的精度。

例如，若某机器字长为 16 位，规定前 6 位表示阶码（包括阶符），而后 10 位表示尾数（包括尾符，即整个数的符号），则 16 位的分布如下：

阶符	阶码	数符	尾数
1	2～6	7	8～16

例如，16 位浮点数：

0	00101	1	110101000

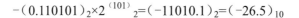

阶符	阶码	数符	尾数

表示的数为

$$-(0.110101)_2 \times 2^{(101)_2} = (-11010.1)_2 = (-26.5)_{10}$$

信息编码趣谈

1.3.4 非数值数据在计算机中的表示

对于输入计算机中的各种文字、符号等非数值数据，由于计算机内部只能识别和处理二进制代码，因此在计算机中，非数值数据也需要用二进制数进行编码来表示。

1. 西文信息编码

目前计算机中用得最广泛的字符集及其编码是由 ISO 制定的 ASCII（American standard code for information interchange，美国国家信息交换标准代码）码。一般在微型计算机中采用 ASCII 码，而在 IBM 系列大型机中采用 EBCDIC（extended binary coded decimal interchange）码。

（1）ASCII 码

ASCII 码是由 ISO 制定的一种包括数字、字母、通用符号、控制符号在内的字符编码。ASCII 码有 7 位版本和 8 位版本两种，国际上通用的是 7 位版本。7 位版本的 ASCII 码有 128 个元素，只需用 7 个二进制位（$2^7=128$）表示，ASCII 码能表示 128 种国际上通用的西文字符。其中控制字符 32 个，阿拉伯数字 10 个，大小写英文字母 52 个，各种标点符号和运算符号 34 个。为了便于对字符进行检索，把 7 位二进制数分为高 3 位（$b_7b_6b_5$）和低 4 位（$b_4b_3b_2b_1$）。7 位 ASCII 码编码表如表 1-1 所示。利用该表可查找数字、运算符、标点符号及控制字符与 ASCII 码之间的对应关系。表 1-1 中高 3 位为 000 和 001 的两列是一些控制符。

表 1-1　7 位 ASCII 码编码表

$b_4b_3b_2b_1$	$b_7b_6b_5$							
	000	001	010	011	100	101	110	111
0000	NUL	DLE	SP（空格）	0	@	P	`	p
0001	SOH	DC1	!	1	A	Q	a	q
0010	STX	DC2	"	2	B	R	b	r
0011	ETX	DC3	#	3	C	S	c	s
0100	EOT	DC4	$	4	D	T	d	t
0101	ENQ	NAK	%	5	E	U	e	u
0110	ACK	SYN	&	6	F	V	f	v
0111	BEL（报警）	ETB	'	7	G	W	g	w
1000	BS（退格）	CAN（作废）	(	8	H	X	h	x
1001	HT	EM	)	9	I	Y	i	y
1010	LF（换行）	SUB	*	:	J	Z	j	z
1011	VT	ESC（换码）	+	;	K	[	k	{
1100	FF	FS	,	<	L	\	l	|
1101	CR（回车）	GS	−	=	M	]	m	}
1110	SO	RS	.	>	N	^	n	~
1111	SI	US	/	?	O	_	o	DEL（删除）

表 1-1 中每个字符都对应一个数值，称为该字符的 ASCII 码值。例如，数字"0"的 ASCII 码值为 48（30H），"A"的 ASCII 码值为 65（41H），"a"的 ASCII 码值为 97（61H）等。

注意： 阿拉伯数字、小写英文字母、大写英文字母 3 组常用的字符，其 ASCII 码值都是连续递增的。所以，记住每组中第一个字符的 ASCII 码值就可推算出其他字符。例如，"d"排在"a"后面的第 3 位，则其 ASCII 码值就比"a"的大 3，即 100；"7"的 ASCII 码值比"0"的大 7，即 55。其他以此类推。

由于计算机以 8 位二进制数码作为一个基本存储单位（字节），7 位 ASCII 码比 1 字节少一位，为存储方便，给 ASCII 码首部增加 1 位，多出的最高位用"0"填充。

（2）EBCDIC 码

EBCDIC 码为 IBM 公司于 1963～1964 年间推出的字符编码表，根据早期打孔机式的二进制化十进制数排列而成。

EBCDIC 码采用 8 位二进制进行编码，有 0～255 即 256 个编码，用于表示字母、数字和一些特殊字符。但是它的英文字母不是连续排列的，中间出现多次断续，给撰写程序的人带来了一些困难。

2. 汉字信息编码

无论是 ASCII 码还是 EBCDIC 码，都只能表示西文符号，那么计算机是如何识别和表示非拉丁字母的文字（包括汉字）呢？汉字要进入计算机，首先必须配备识别汉字的汉化操作系统，其次要具备包括编码、输入、存储、编辑、输出和传输等功能的软硬件支撑。这其中，最关键的就是编码。

为了尽量少增加计算机操作系统的负担，并有效利用原有的 I/O 设备，根据汉字的特点，汉字信息从输入到处理，再到最后输出，需要有 3 种不同的编码，即输入码、内部码和字形表示。汉字的 3 种不同编码之间的转换过程如图 1-9 所示。

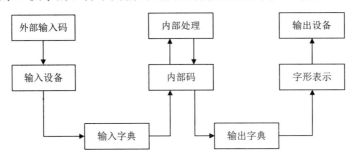

图 1-9 汉字的 3 种不同编码之间的转换过程

（1）汉字的内部码

虽然汉字与西文文字在组成结构上完全没有交集，但是为了不增加全新的编码机制，就在原有 ASCII 码的编码基础上对汉字进行了编码，这就是国标码。

国标码是指国家标准总局 1981 年制定的中华人民共和国国家标准《信息交换用汉字编码字符集 基本集》（GB 2312—1980），国标码与 ASCII 码属于同一种制式，是 ASCII 码的扩展。

1）区位码。在 GB 2312—1980 标准中，每个汉字（图形符号）采用双字节表示，每字节只用低 7 位。该标准的信息交换用汉字编码字符集（基本集）以 94 个可显示的 ASCII 码字符为基集，由 2 字节构成一个汉字交换码。汉字编码表有 94 行 94 列，其行号称为区号，列号称为位号。双字节中用高字节表示区号，低字节表示位号。国标码共可表示 94×94=8836 个字，组成汉字 6763 个（其中，一级常用字有 3755 个，以汉语拼音字母顺序排列；一级非常用字有 3008 个，以部首排列），另外还有 682 个非汉字图形字符。非汉字图形符号位于第 1~11 区，一级汉字位于第 16~55 区，二级汉字位于第 56~87 区。

例如，"中"字的区号为 54，位号为 48；"国"字的区号为 25，位号为 90。

2）国标码。国标码是由区位码的区和位的十进制分别转换为二进制并各加上 32 的二进制而组成的二进制编码（因为国标码是以 94 个可显示的 ASCII 码字符为基集）。

例如，汉字"码"的区位码为 3475，国标码换算过程如下。

转换为二进制：34D=100010B，75D=1001011B，32D=100000B。

加 32 的二进制：100010B +100000B =1000010B，1001011+100000B =1101011B。

两个 8 位码组合成 16 位码：0100001001101011B（国标码）。

3）内部码。汉字内部码是为在计算机内部对汉字进行存储、处理和传输而编制的代码，它也和汉字存在着一一对应的关系。同一个汉字，在同一种汉字操作系统中，内部码是相同的。因为国标码是由两个 ASCII 码合并为一个汉字编码，所以在计算机内部常常存在中西文混合存储和处理的情况。为了有效地区分两个并排的 ASCII 码西文字符

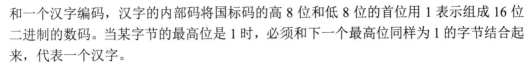

和一个汉字编码，汉字的内部码将国标码的高 8 位和低 8 位的首位用 1 表示组成 16 位二进制的数码。当某字节的最高位是 1 时，必须和下一个最高位同样为 1 的字节结合起来，代表一个汉字。

汉字内部码=汉字国标码+8080H。

（2）汉字的输入码

汉字在计算机内部的存储和处理由 16 位的二进制内部码实现，但是这样的二进制编码既不方便输入（难以记忆），也不适合输出（无法看懂）。

为了方便输入，系统并不要求直接输入内部码，而只要求用一些可区别的信息，只要能与内部码相对应即可，这种输入的可区别信息的码称为外部输入码，简称外部码或输入码。

对于同一个汉字，不同的输入法有不同的输入码。根据编码规则，汉字的输入码分为流水码、音码、形码和音形码。例如，全拼、双拼、智能 ABC 输入法是音码，五笔字型输入法是形码，自然码（拼音为主，辅以字形字义）是音形码。采用不同的汉字输入方法（不同的输入码），只要通过其对应的转换输入字典，能与汉字的内部码建立一一对应关系即可。输入码可有多种，但内部码是唯一的。

（3）汉字的字形

无论是汉字的输入码还是内部码，都不是我们希望看到的输出信息。在计算机中表示的各种复杂的文字形状，都是通过特定图形结构绘制出来的。

1）字形表示。在输出汉字时，要考虑一种特殊的数据结构，即字形表示，就是以图形方式存储于计算机中，用于表示文字形状的结构。

字形表示占用较多的存储空间，在实际处理中，文字在计算机内部并不需要用字形表示，只有在输出时才希望看到字形。那么，只要将汉字的内部码与字形表示通过特定的转换字典，建立严格的一一对应关系即可。特定的内部码只要通过软件或硬件的方法，通过转换输出字典或转换函数获得对应的字形表示，就可以完成文字的显示和输出。

2）汉字字形表示的实现方法。汉字字形表示的实现方法有点阵字形和矢量字形（轮廓字形）两种。

点阵字形是将一个汉字或符号用二维平面上的若干个不连续的点来表示，有点处用 1 表示，无点处用 0 表示。将这些二进制串一行行按顺序存储起来，就可以得到一个汉字或字符图形的二进制表示信息，称为字模。常用的点阵有 16×16、24×24、32×32。例如，16×16 点阵是指用 16×16=256 位二进制来表示一个汉字的字形，即需要 16×16/8=32 字节来存储一个汉字。点阵字形的特点是构成和输出简单，占用的存储空间比较大，缩放容易失真。

矢量字形是使用一组数学矢量来记录汉字的外形轮廓特征的。将汉字分解成笔画，每种笔画使用一段段的直线（向量）近似地表示，这样每个字形都可以变成一连串的向量。

矢量表示法输出汉字时要经过计算机的计算，还原复杂，但可以方便地进行缩放、旋转等变换，与大小、分辨率无关，能得到美观、清晰、高质量的输出效果。Windows 操作系统中使用的 TrueType 技术就是汉字的矢量表示方式。

3）汉字字库。将每个汉字都用点阵表示出来，再按某种顺序存入计算机中，就成为汉字字模库，简称字库。当需要显示或输出汉字时，由内部码通过输出字典找出字库中该汉字的存放地址，然后取出汉字的点阵信息送入输出缓冲区供显示或输出。

通常，汉字操作系统把汉字字库存放在磁盘上，使用时全部或部分调入内存，这种字库称为软字库；而将汉字字库固化在 EPROM（erasable programmable read-only memory，可擦除可编程只读存储器）或 MASK-ROM（掩模型只读存储器）的芯片中，作为机器的一个扩充 ROM 存储区使用，这种字库称为硬字库，俗称"汉卡"。例如，为了提高汉字的输出速度，打印机等设备中都安装有带有固化汉字库的集成电路芯片。

3. 扩展文字编码

Unicode 码是一种由国际组织设计的编码方法，可以容纳全世界所有语言文字的字符编码方案。

Unicode 码采用 2 字节的编码方案，可以表示 $2^{16}-1=65535$ 个字符，前 128 个字符是标准 ASCII 字符，接下来是 128 个扩展 ASCII 字符，其余字符供不同语言的文字和符号使用。Unicode 码给每个字符提供了一个唯一的数串编码，它将世界上使用的所有字符都列出来，并给每一个字符一个唯一特定的编码值。

从 ASCII、GB 2312—1980、GBK 到 GB 18030—2005 的编码方法都是向下兼容的，但是 Unicode 只与 ASCII 码（在 Unicode 中，ASCII 字符也采用 2 字节编码，只是在编码前插入一个值为 0 的字节）兼容，与国标码不兼容。例如，"汉"字的 Unicode 编码是 6C49H，而国标内部是 BABAH。ISO 颁布 10646 号标准，为 UCS（unicode character set），在 UCS 通用集中，每个字符用 4 字节编码。

Unicode 标准已经被 Apple、HP、IBM、JustSystem、Microsoft、Oracle、SAP、Sybase、Unisys 等厂商所采用。许多操作系统、所有最新的浏览器和许多其他产品支持 Unicode。Unicode 标准的出现和支持它工具的存在，是近来全球软件技术重要的发展趋势。目前，Windows 操作系统的内核已经采用 Unicode 编码，这样在内核上可以支持全世界所有的语言文字。

4. 其他信息的数字化

（1）图像信息的数字化

一幅图像可以看作由一个个像素点构成。图像的信息化，就是对每个像素用若干个二进制数码进行编码。图像信息数字化后，往往还要进行压缩。

图像文件的扩展名有.bmp、.gif、.png、.jpg、.tiff（无损压缩文件）等。

（2）声音信息的数字化

自然界的声音是一种连续变化的模拟信息，可以采用 A/D（analog to digital，模/数）转换器对声音信息进行数字化。

声音文件的扩展名有.wav、.mp3、.wma、.amr 等。

（3）视频信息的数字化

视频信息可以看成由连续变换的多幅图像构成，播放视频信息，每秒需传输和处理 25 幅以上的图像。视频信息数字化后的存储量相当大，所以需要进行压缩处理。

视频文件的扩展名有.wmv（Windows Media Player 专用格式）、.avi、.mpg、.rm、.rmvb
（RealPlayer 专用格式）、.mov（苹果专用格式），以及.dat（VCD 格式）、.vob（DVD 格式）、.flv、.3gp（手机专用格式）等。

1.4　文字的输入

学习目标

- 了解常见的输入法。
- 掌握基本输入法及技巧。
- 掌握特殊字符的输入方法。

1.4.1　输入法简介

汉字输入的方法大致可分为以下四大类。

1. 手写输入

手写输入是借助与计算机连接的笔写感应板和智能识别软件，将汉字通过手写输入计算机。该输入方法的产品国内外已有多种，"汉王笔"就是目前较先进的非编码型汉字输入系统，通过简单的安装程序，用户就能在手写感应板上书写汉字，计算机接收手写汉字信息后立即转换为机内标准汉字。

2. 声音输入

声音输入是人们对着传声器讲话或读稿，所读的"字、词、语句"都会自动进入计算机，这需要借助于相应的功能产品。

3. 扫描识别输入

扫描识别输入是将印刷成的书面图文资料成批、快速地输入计算机。OCR（optical character recognition，光学字符识别）自动识别汉字系统就是一种很好的实用产品。

4. 键盘输入

键盘输入是指采用国际上标准的计算机键盘，提取汉字的某些特征信息，经过汉字编码来实现汉字输入的一种方式。这种输入汉字的方法主要取决于编码方案。汉字编码设计是从分析汉字结构或发音入手，抽取一些共同的基本特征，并用适当的字符或数字来表示这种特征，从而达到对汉字进行编码的目的。它是目前汉字输入中使用最多的方法。手写输入、声音输入、扫描识别输入由于其成本高，就目前而言是无法替代键盘输入的，因此键盘输入是最基本的汉字输入方法。目前大部分的汉字输入研究成果集中在键盘编码输入上。

1.4.2 文本输入的常用操作

1. 输入法的切换

输入法的安装与设置

（1）使用鼠标选择输入法

单击任务栏右侧的输入法图标■，激活输入法选择菜单，然后在菜单中选择某种输入法，如图 1-10 所示。若选择的是"中文-华宇拼音输入法 V6"，就会出现如图 1-11 所示的输入法工具栏。

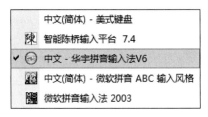

图 1-10 输入法菜单

图 1-11 "中文-华宇拼音输入法"工具栏

在输入法工具栏中，单击 按钮，使图标变为 ，可从半角切换为全角输入方式；再单击该按钮，又使图标变为 ，则恢复为半角输入方式。

单击输入法工具栏中的 按钮，使图标变为 ，可实现中文标点和英文标点的切换。

在华宇拼音输入法的中文输入状态下，若要输入全角的英文字符，可单击输入法工具栏最左侧的中英文切换按钮 中，使之变为 E，即可输入英文。

（2）使用键盘命令选择输入法

按 Ctrl+Space 组合键，可以进行中英文切换。

连续按 Ctrl+Shift 组合键，可以切换输入法系统中已安装的各种输入法。

按 Shift+Space 组合键，可以进行半角和全角输入方式的切换。

按 Ctrl+. 组合键，可以进行中英文标点的切换。

2. 打字指法

准备打字时，除拇指外其余的 8 个手指分别放在基本键上，拇指放在 Space 键上，十指分工，包键到指，分工明确，如图 1-12 所示。

图 1-12 打字指法

每个手指除指定的基本键外，还分工有其他的字符键，称为手指的范围键，如图 1-13 所示。

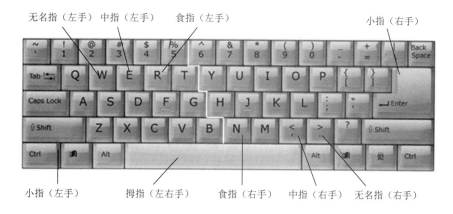

图 1-13　键位手指分工

3. 使用软键盘输入标点或特殊符号（以 QQ 拼音输入法 v3.5 为例）

软键盘又称为模拟键盘，许多在键盘上找不到的特殊符号可在软键盘上进行输入。一般选择软键盘的方法是右击输入法工具栏中的软键盘按钮，弹出快捷菜单（图 1-14）。用户可在该菜单中选择所需的软键盘。

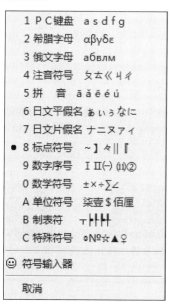

图 1-14　软键盘快捷菜单

如需输入★，在软键盘中选择"特殊符号"选项。

如需输入·，在软键盘中选择"标点符号"选项。

如需输入①，在软键盘中选择"数学序号"选项。

在软键盘中选择"☺符号输入器"选项，弹出"QQ 拼音符号输入器"对话框，在"特殊符号"选项卡中还可以输入一些特殊符号，如☒、✈、卿、＊、♪等，如图 1-15 所示。

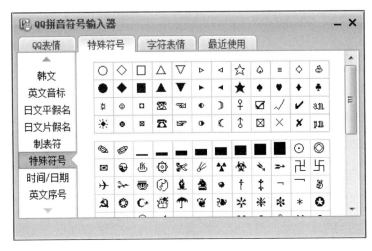

图 1-15　"QQ 拼音符号输入器"对话框

当不需要使用软键盘时，可关闭软键盘。关闭软键盘的方法是，单击输入法工具栏中的软键盘按钮 <!-- -->。

下面简单介绍利用 QQ 拼音输入法输入文本。

（1）单字输入

例如，微——wei，型——xing。

（2）词组输入

1）全拼输入：输入"长城"——changcheng。

2）简拼输入：输入"长城"——chch 或 cc。

3）混拼输入：输入"长城"——changch 或 changc。

注意：有的词组输入时易引起混淆，需要用单引号 "'" 作为音节分隔符进行分隔。例如，输入"方案"一词时正确的输入为"fang'an"。

理论练习题　　　　　理论练习题答案

第2章 Windows 10 操作系统

$\mathbb{W}$ indows 10 操作系统是由美国微软公司开发的应用于计算机和平板计算机的操作系统，于 2015 年 7 月 29 日发布正式版，总共分为 7 个不同的版本。Windows 10 操作系统相较于过去的版本，在易用性和安全性方面有了极大的提升，除针对云服务、智能移动设备、自然人机交互等新技术进行了融合外，还对固态硬盘、生物识别、高分辨率屏幕等硬件进行了优化、完善与支持。

本章将主要讲述 Windows 10 操作系统的基础知识、文件和文件夹，以及 Windows 设置等常用操作。

2.1 认识 Windows 10 操作系统

 学习目标

- 熟悉 Windows 10 操作系统的启动与关闭过程。
- 掌握 Windows 10 操作系统桌面元素的使用。
- 掌握键盘的基本操作。
- 掌握鼠标的基本操作。
- 掌握窗口的基本操作。
- 掌握任务栏和"开始"菜单的设置与使用。

2.1.1 Windows 10 的启动与退出

在确认计算机与电源正确连接后，按下显示器电源开关，打开显示器，接着按下计算机主机的电源，Windows 10 就能自动启动。启动 Windows 10 的过程实际上是把硬盘中的 Windows 10 操作系统装入内存指定区域的过程。在启动过程中，如果有多个系统用户，只需选择对应的用户，在登录对话框中输入对应密码，然后单击"登录"按钮或按 Enter 键就能登录系统。

要退出 Windows 10 的使用，应该正确关机，以便保存全部数据并不对操作系统造成损害，建议关机前先退出所有应用程序。正确的关机方法：保存文件或数据，然后关闭所有打开的应用程序。单击"开始"按钮，在弹出的"开始"菜单中单击"电源"按钮，然后在弹出的列表中选择"关机"选项即可。成功关闭计算机后，再关闭显示器的电源。

鼠标和键盘的
使用方法

2.1.2　键盘的基本操作

1．认识键盘的结构

以常用的 107 键键盘为例，如图 2-1 所示，键盘按照各键功能的不同可以分为功能键区、主键盘区、编辑键区、小键盘区和状态指示灯 5 个部分。

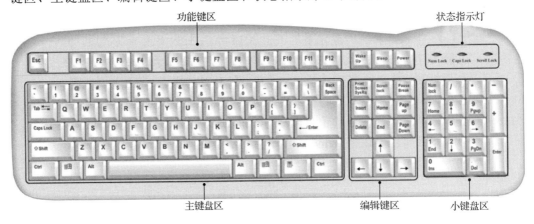

图 2-1　键盘分区

1）主键盘区用于输入文字和符号，包括字母键、数字键、符号键、控制键和 Windows 功能键，共 5 排 61 个键。

字母键：A～Z 用于输入 26 个英文字母。

数字键：0～9 用于输入相应的数字和符号，每个键位由上、下两种字符组成，又称为双字符键，单独按这些键，将输入下档字符，即数字；如果按住 Shift 键不放再按该键，将输入上档字符，即特殊符号。

符号键：与数字键一样，每个符号键位也由上、下两种不同的符号组成。

2）编辑键区主要用于编辑过程中的光标控制，各键的功能如图 2-2 所示。

3）小键盘区主要用于快速输入数字及进行光标移动控制。当要使用小键盘区输入数字时，应先按住左上角的 Num Lock 键，此时状态指示灯区第 1 个指示灯亮，表示此时为数字状态，然后输入数字即可。

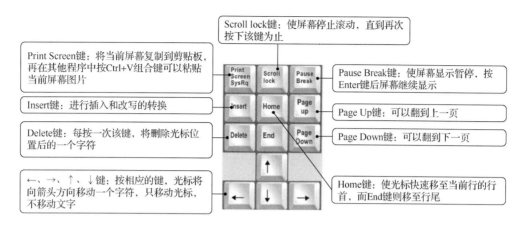

图 2-2　编辑键的功能

2. 常用快捷键

Windows 10 操作系统提供了许多快捷键方便用户操作,常用的快捷键如表 2-1 所示。

表 2-1　常用的键盘操作

快捷键	功能	快捷键	功能
Ctrl+C	复制	Ctrl+V	粘贴
Ctrl+X	剪切	Ctrl+Z	撤销
Ctrl+Y	恢复操作	Ctrl+Shift	输入法切换
Windows+L	锁定计算机	Windows+D	显示/隐藏桌面
Windows+R	弹出"运行"对话框	Windows+E	打开资源管理器
Windows+Shift+S	截图	F1	启动帮助
F2	重命名所选项目	F3	在文件资源管理器中搜索文件或文件夹
F4	在文件资源管理器中显示地址栏列表	F5	刷新活动窗口
F6	循环浏览窗口中或桌面上的屏幕元素	Alt+Enter	显示所选项目的属性
Alt+Space	打开活动窗口的快捷菜单	Ctrl+F4	关闭活动文档
Ctrl+A	选择文档或窗口中的所有项目	Ctrl+D	删除选定项,将其移至回收站
Ctrl+Alt+Tab	使用箭头键在所有打开的应用之间进行切换	Ctrl+Esc	打开"开始"菜单
Ctrl+Shift+Esc	打开任务管理器	Shift+F10	显示选定项的快捷菜单
Shift+Delete	删除选定项,无须先移动到回收站	Esc	停止或离开当前任务
PrtScn	捕获整个屏幕的屏幕截图并将其复制到剪贴板	Windows+Ctrl+D	创建新的虚拟桌面
Windows+Ctrl+F4	Windows 键关闭当前虚拟桌面	Windows+Ctrl+左/右	切换虚拟桌面

2.1.3　鼠标的基本操作

常用的鼠标操作方式如表 2-2 所示。通常情况下,若未特别说明,单击、双击、拖动均指左键单击、左键双击、左键拖动。

表 2-2　常用鼠标操作

操作方式	含义	常见应用
指向	在不按鼠标键的情况下移动鼠标指针，使鼠标指针指向预期位置	指向一个对象
左键单击	快速按一下鼠标左键	选定一个对象，打开一个菜单
右键单击	快速按一下鼠标右键	弹出快捷菜单
左键双击	在不移动鼠标的情况下，快速并连续按两下鼠标左键	打开一个文件夹，启动某个应用程序
左键拖动	按住鼠标左键并移动鼠标	同时选择多个对象，移动窗口
右键拖动	按住鼠标右键并移动鼠标	复制或移动操作时弹出快捷菜单

　　鼠标指针的形状会随着它所在位置的不同而发生变化，并且和当前所要执行的任务相对应，如当它移动到超链接处，就会变成一个小手形状。常见的鼠标指针形状如表 2-3 所示。

表 2-3　常见的鼠标指针形状

指针名称	指针图标	用途
箭头指针		标准指针，用于选择命令、激活程序、移动窗口等
帮助指针		代表选中帮助的对象
后台运行		程序正在后台运行
转动圆圈		系统正在执行操作，要求用户等待
I 字指针和十字形		精确定位和编辑文字
手写指针		表示可以手写
禁用指针		表示当前操作不可用
窗口调节指针		用于调节窗口的大小
对象移动指针		此时可用键盘的方向键移动对象或窗口
手形指针		链接选择，此时单击，将出现进一步的信息

2.1.4　Windows 10 操作系统的桌面

　　登录 Windows 10 操作系统后，展现在用户面前的整个画面就是桌面，它是用户工作的平台。如图 2-3 所示，桌面包括桌面图标、任务栏和桌面背景等基本元素。Windows 10 操作系统默认只显示一个桌面，用户可以自行添加多个桌面。

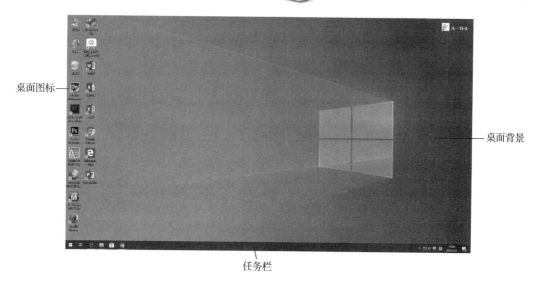

桌面图标

桌面背景

任务栏

图 2-3　Windows 10 操作系统的桌面

1. 桌面图标

在 Windows 10 操作系统中，所有的文件、文件夹和应用程序等都用相应的图标表示。桌面图标由一个小图片和说明文字组成，图片是标识符，文字则表示其名称或功能。用户双击桌面上的图标，可以快速打开相应的文件、文件夹或应用程序。例如，双击桌面上的回收站图标，即可打开"回收站"窗口。

2. 任务栏

任务栏默认位于桌面底部，它显示了系统正在运行的程序、打开的窗口和当前时间等内容。用户可以通过任务栏完成许多操作。任务栏主要由"开始"按钮、搜索框、快速启动区、任务区、语言栏、通知区域及"显示桌面"按钮组成。和以前的操作系统相比，Windows 10 操作系统中的任务栏设计得更加人性化、使用更加方便、功能和灵活性更强大。

（1）"开始"按钮

Windows 10 操作系统重新设置了"开始"按钮，单击该按钮将会弹出"开始"菜单，如图 2-4 所示，在"开始"菜单右侧新增加了 Modern 风格的区域，用户可以根据需要将应用程序图标添加至 Modern 区域或关闭。

在 Windows 10 操作系统中，所有的应用程序都在"开始"菜单中显示。Windows 10 操作系统的"开始"菜单左侧包括用户、文档、图片、设置、电源 5 个按钮。中间是显示所有应用的列表；右侧是用来固定应用磁贴或图标的区域，方便快速打开应用。

（2）搜索框

如图 2-5 所示，用户可以通过右击任务栏的空白处，设置是否显示搜索框或搜索图标。在 Windows 10 操作系统中，搜索框和 Cortana 高度集成，可以进行人机交互。在搜索框中输入关键词即可搜索相关的桌面程序、网页、文档等。

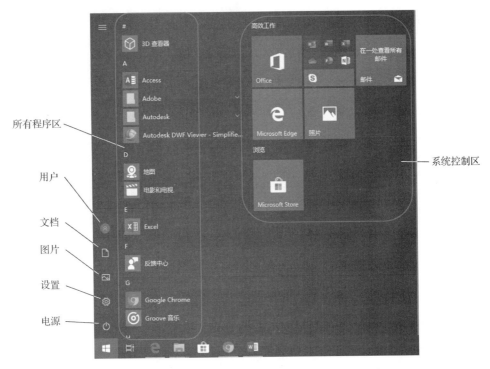

图 2-4　Windows 10 操作系统的"开始"菜单

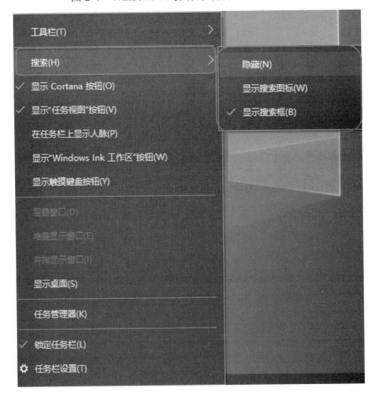

图 2-5　显示搜索框设置

（3）快速启动区

在 Windows 10 操作系统中，快速启动区一般默认有 Microsoft Edge、文件资源管理器等图标。用户可以将常用程序固定到任务栏上，方便在需要时快速打开程序。对已固定在任务栏上的程序，可以在任务栏上右击该图标，在弹出的快捷菜单中选择"从任务栏取消固定"选项来取消固定。

（4）任务区

在快速启动区的右侧是任务区，用于显示已经打开的程序或文件，并可以在它们之间进行快速切换。

（5）语言栏

语言栏用来显示系统正在使用的输入法和语言。计算机进行文本服务时，它会自动出现。可以将语言栏移动到屏幕的任何位置，也可以将其最小化到任务栏。

（6）通知区域及"显示桌面"按钮

在任务栏的右侧是通知区域，显示了时钟、扬声器、语言设置及其他一些活动和通知的图标。用户只需单击通知区域中的图标，便会弹出与其对应的程序或设置。在任务栏的最右侧，是"显示桌面"按钮，用户只需单击该按钮，便可快速显示桌面。

3. 桌面背景

桌面背景是指 Windows 桌面的背景图案，又称为桌布或墙纸，Windows 10 操作系统自带了很多漂亮的背景图片，用户可以从中选择自己喜欢的图片作为桌面背景。除此之外，用户还可以把自己收藏的精美图片设置为桌面背景。

> ▌ **小技巧**
>
> **快速查看桌面**
>
> 按 Windows+D 组合键，可快速回到桌面，再按 Windows+D 组合键又会回到之前的界面。

2.1.5　任务——设置 Windows 10 操作系统桌面

1. 任务描述

对任务栏、"开始"菜单、桌面图标等内容进行设置，要求如下：

1）开机启动 Windows 10 操作系统。

2）移动桌面图标到不同的位置并将"此电脑"图标更名为"Computer"。

3）设置桌面图标，按照"项目类型"方式排列桌面元素。

4）删除"网络"图标，在桌面上添加"控制面板"图标。

5）使计算机进入睡眠状态。

6）修改系统日期和时间，将当前时间与 Internet 时间同步。

7）锁定任务栏。

8）将"日历"程序固定到开始屏幕。

9）在桌面上建立"计算器"应用程序的快捷方式。

10）关机退出 Windows 10 操作系统。

2．任务分析

Windows 10 操作系统允许用户进行个性化的设置，如更改桌面上的图标、设置"开始"菜单和任务栏等。本任务主要涉及以下操作：Windows 10 操作系统的启动、计算机进入睡眠状态、桌面图标的添加与更名、设置桌面图标的排序方式、创建快捷方式等。

3．任务实现

步骤 1：开机启动 Windows 10 操作系统。

依次打开外部设备的电源开关和主机电源开关。在启动过程中，Windows 10 操作系统会自动进行自检、初始化硬件设备，如果系统正常运行，则无须进行其他任何操作。进入 Windows 10 操作系统后，首先出现登录界面，中间列出已建立的所有用户账号，并且每个用户都配有一个图标，单击相应的用户图标，如果设置了用户密码，则在密码文本框中输入密码，然后按 Enter 键即可登录 Windows 10 操作系统。

步骤 2：移动桌面图标到不同的位置并将"此电脑"图标更名为"Computer"。

1）单击桌面上的"回收站"图标，按住鼠标左键将其拖动到桌面的不同位置。

2）单击选中"此电脑"图标，再次单击"此电脑"的图标名称，图标名称变为高亮，输入 Computer，按 Enter 键，即可实现图标名称的更改。右击"此电脑"图标，在弹出的快捷菜单中选择"重命名"选项也可以完成重命名操作。

步骤 3：设置桌面图标，按照"项目类型"方式排列桌面元素。

在桌面空白处右击，在弹出的快捷菜单中选择"排序方式"→"项目类型"选项，桌面上的图标将按照文件类型排列。

步骤 4：删除"网络"图标，在桌面上添加"控制面板"图标。

1）在"网络"图标上右击，在弹出的快捷菜单中选择"删除"选项。另外，直接将"网络"图标拖动到"回收站"图标上也可完成此项操作。

2）在桌面空白处右击，在弹出的快捷菜单中选择"个性化"选项，在打开的设置窗口中，选择"主题"选项，然后在右侧窗格单击"桌面图标设置"链接，如图 2-6 所示。在弹出的"桌面图标设置"对话框中，选中"桌面图标"选项组中的"控制面板"复选框，如图 2-7 所示，然后单击"确定"按钮。

添加系统图标

步骤 5：使计算机进入睡眠状态。

1）单击 Windows 10 操作系统工作界面左下角的"开始"按钮。

2）弹出"开始"菜单，单击"电源"按钮，选择"睡眠"选项，即可使计算机进入睡眠状态（如果"开始"菜单没有显示"睡眠"选项，可自行添加）。

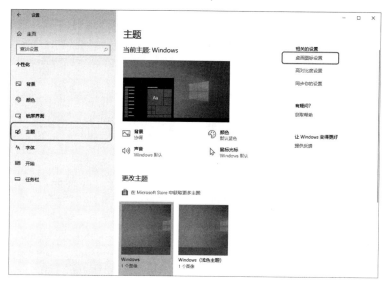

图 2-6　主题设置窗口

步骤 6：修改系统日期和时间，将当前时间与 Internet 时间同步。

右击任务栏中显示日期和时间的图标，在弹出的快捷菜单中选择"调整日期/时间"选项，在弹出的"日期和时间"对话框中，单击"立即同步"按钮即可。

步骤 7：锁定任务栏。

右击任务栏的空白处，在弹出的快捷菜单中，使"锁定任务栏"选项处于选定状态即可。

步骤 8：将"日历"程序固定到开始屏幕。

打开"开始"菜单，如图 2-8 所示，单击"#"按钮，单击"日历"的首字母 R，如图 2-9 所示。右击"日历"图标，在弹出的快捷菜单中选择"固定到'开始'屏幕"选项，如图 2-10 所示。"日历"程序就以磁贴形式固定在了开始屏幕，如图 2-11 所示。

图 2-7　"桌面图标设置"对话框

步骤 9：在桌面上建立"计算器"应用程序的快捷方式。

在"开始"菜单中找到"计算器"图标，将其拖动到桌面上即可。

步骤 10：关机退出 Windows 10 操作系统。

打开"开始"菜单，单击左下角的"电源"按钮，然后单击"关机"按钮，计算机自动保存文件和设置后退出 Windows 10 操作系统，关闭显示器及其他外部设备的电源。

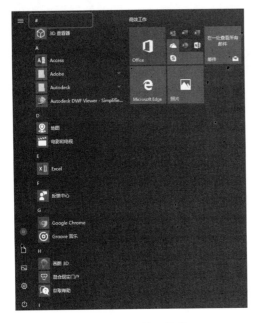

图 2-8　"开始"菜单

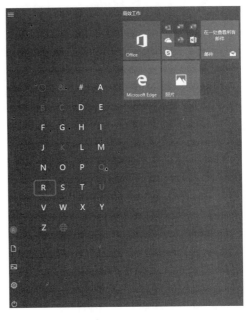

图 2-9　所有应用首字母排序

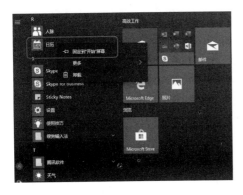

图 2-10　选择"固定到'开始'屏幕"选项

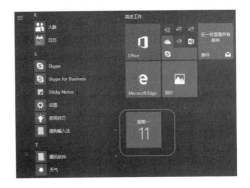

图 2-11　"日历"程序固定到开始屏幕后的效果

2.1.6　拓展训练

1）启动和关闭一台安装 Windows 10 操作系统的计算机，观察界面变化。

2）在"开始"菜单中查找"天气"程序，并将它固定到开始屏幕。调整开始屏幕的大小。

3）打开桌面上的几个应用程序或文档，通过任务栏分别对它们进行层叠窗口、堆叠显示窗口、并排显示窗口，了解三者的不同。

4）在"开始"菜单的"电源"按钮中添加"休眠"选项。

添加"休眠"选项

2.2　管理文件和文件夹

学习目标

- 熟悉文件资源管理器的启动过程。
- 熟悉资源管理器的使用。
- 掌握文件或文件夹的基本操作和设置方法。
- 掌握文件（夹）的排序、属性更改、加密、压缩等高级设置方法。
- 掌握 Windows 10 操作系统环境下文件的搜索方法。

2.2.1　文件与文件夹的基本知识

1．文件

文件是具有文件名的一组相关信息的集合。文件中可以存放文字、数字、图像和声音等各种信息。

文件名由文件主名和扩展名组成，两者之间用小数点"."分隔。文件主名一般由用户自己定义，文件的扩展名则标识了文件的类型和属性，一般有比较严格的定义。例如，命令程序的扩展名为.com，可执行程序的扩展名为.exe，由 Word 建立的文档文件的扩展名为.docx，文本文件的扩展名为.txt，位图格式的图形、图像文件的扩展名为.bmp，压缩或非压缩的声音文件的扩展名为.wav 等。

每个文件的图标会因其类型不同而有所不同，而系统正是以不同的图标和文件描述信息来向用户提示文件的类型的。

2．文件夹

计算机中的文件种类繁多，为了更好地区分和管理文件，Windows 操作系统中引入了文件夹的概念。文件夹就是存储文件和下级文件夹的树形目录结构。文件夹由文件夹图标和文件夹名组成。文件或文件夹的名称最多可包含 255 个字符，可以是字母（不区分大小写）、数字、下划线、空格和一些特殊字符，但不能包含以下 9 个字符：\、/、:、*、?、"、<、>、|。Windows 10 操作系统通过文件夹名来访问文件夹，文件夹不仅表示目录，还可以表示驱动器（读取、写入数据的硬件）、设备、公文包和通过网络连接的其他计算机等。

文件夹中也可以不包含任何文件和文件夹，这样的文件夹被称为空文件夹。系统规定在同一个文件夹内不能有相同的文件名或文件夹名，而在不同的文件夹中则可以重名。

3．路径

文件及文件夹的管理是计算机进行信息管理的重要组成部分，每一个文件或文件夹都有相应的计算机存放地址即路径。文件的完整路径包括服务器名称、驱动器号、文件夹路径、文件主名和扩展名。用户在管理文件或文件夹时，只需按照其路径即可查找到相应的文件或文件夹。

4. 文件资源管理器

双击桌面上的"此电脑"图标或单击任务栏上的"文件资源管理器"按钮，打开文件资源管理器窗口，单击导航窗格中各类别图标左侧的图标，可依次按层级展开文件夹。如图 2-12 所示，选择某个需要的文件夹后，其右侧将显示相应的文件内容。

图 2-12　文件资源管理器

2.2.2　文件与文件夹的基本操作

文件与文件夹的基本操作有新建、重命名、复制、移动、删除、查找等。

（1）选择文件或文件夹

选择文件或文件夹的常用操作与方法如表 2-4 所示。

表 2-4　选择文件或文件夹的常用操作与方法

选择的项目	操作方法
一个对象	单击所要选择的对象或用键盘上的光标控制键选择
不连续的多个对象	先选择第一个对象，再按住键盘上的 Ctrl 键，同时逐个选择其他的对象
连续的多个对象	方法 1：先选择第一个对象，再按住键盘上的 Shift 键，同时选择最后一个对象
	方法 2：用鼠标从空白处开始，往要选择的对象方向拖出一个矩形
所有对象	执行菜单栏"编辑"→"全部选定"命令或按 Ctrl+A 组合键

（2）新建文件或文件夹

磁盘上任何文件夹中都可以创建文件或文件夹，也可以在桌面上创建，方法是，右击，在弹出的快捷键菜单中选择"新建"→"文件夹"选项或某种格式的文件。

（3）打开/关闭文件或文件夹

双击要打开的文件或文件夹图标。

（4）重命名文件或文件夹

选择要重命名的文件或文件夹，右击，在弹出的快捷菜单中选择"重命名"选项，然后输入名称。

（5）移动与复制文件或文件夹

方法 1：用剪贴板移动与复制。

移动：选定→剪切→定位→粘贴。

复制：选定→复制→定位→粘贴。

方法 2：用鼠标移动与复制。

移动：按住 Shift 键，将文件或文件夹拖动到目标文件夹；如在同一驱动器中操作则不用按 Shift 键。

复制：按住 Ctrl 键将文件或文件夹拖动到目标文件夹；如在不同驱动器间操作则不用按 Ctrl 键。

（6）删除文件或文件夹

选择要删除的文件或文件夹，右击，在弹出的快捷菜单中选择"删除"选项，或按 Delete 键。实质上此时文件或文件夹被放到了回收站。按住 Shift 键，同时执行"删除"命令，文件或文件夹将被彻底删除。

（7）设置文件或文件夹的属性

选择目标文件或文件夹，右击，在弹出的快捷菜单中选择"属性"选项，弹出"属性"对话框，在"属性"对话框中可以设置只读、隐藏和加密属性。

（8）搜索文件或文件夹

打开需要查找的磁盘或文件夹窗口，在地址栏后面的搜索框中输入关键字，然后按 Eeter 键搜索，完成后系统会在窗口工作区显示与关键字匹配的记录。

（9）创建文件或文件夹的快捷方式

左下角带有箭头的图标，称为快捷方式图标。快捷方式是一种特殊的 Windows 文件（扩展名为 .lnk），它不表示程序或文档本身，而是指向对象的指针。对快捷方式进行重命名、移动、复制或删除等操作只影响快捷方式文件，而快捷方式所对应的应用程序、文档或文件夹不会改变。快捷方式的创建可以使用户快速执行相应的程序或文档。

选择目标文件或文件夹，右击，在弹出的快捷菜单中选择"创建快捷方式"选项，即可在当前位置创建目标对象的快捷方式。如果在弹出的快捷菜单中选择"发送到"→"桌面快捷方式"选项，即可在桌面上创建目标对象的快捷方式。

2.2.3　任务——管理文件和文件夹资源

1. 任务描述

李红是某大学一年级的学生，由于学习需要，要在计算机上建立一个学习资料文件夹。具体要求如下：

1）在 D 盘根目录下新建"语文学习计划.txt"和"班级通讯录.xlsx"两个文件和一个名为"学习资料"的文件夹。然后，在"学习资料"文件夹中新建"大学语文"文件夹。

2）将"班级通讯录.xlsx"文件的属性修改为只读。

3）将"语文学习计划.txt"文件移动到"大学语文"文件夹中，并将其重命名为"学习计划.txt"。

4）删除 D 盘根目录下的"班级通讯录.xlsx"文件，然后通过回收站查看并还原。

5）搜索 D 盘下所有.pptx 格式的文件。

6）把"学习资料"文件夹固定到快速访问列表中。

2. 任务分析

文件和文件夹是 Windows 操作系统的重要组成部分，只有管理好文件和文件夹才能对操作系统运用自如。资源管理器是管理文件和文件夹的重要工具。本任务主要涉及以下操作：文件和文件夹的显示和查看，文件或文件夹的新建、复制、移动、删除，回收站，文件查找等。

3. 任务实现

步骤 1：新建文件和文件夹。

双击桌面上的"此电脑"图标，打开"此电脑"窗口，在右侧窗格中双击 D 盘图标，打开 D 盘。

文件管理

1）新建文本文档。在"主页"选项卡的"新建"选项组中单击"新建项目"下拉按钮，在弹出的下拉列表中选择"文本文档"选项；或在窗口的空白处右击，在弹出的快捷菜单中选择"新建"→"文本文档"选项，系统将在文件夹中新建一个名为"新建文本文档"的文件，且文件夹名称呈可编辑状态，输入"语文学习计划"，然后单击空白处或按 Enter 键即可为该文件命名，完成该文件的创建。

2）新建 Microsoft Excel 工作表。在"主页"选项卡的"新建"选项组中单击"新建项目"下拉按钮，在弹出的下拉列表中选择"Microsoft Excel 工作表"选项；或在窗口的空白处右击，在弹出的快捷菜单中选择"新建"→"Microsoft Excel 工作表"选项，系统将在文件夹中新建一个名为"新建 Microsoft Excel 工作表"的文件，且文件夹名称呈可编辑状态，输入"班级通讯录"，然后单击空白处或按 Enter 键即可为该文件命名，完成该文件的创建。

3）新建文件夹。在"主页"选项卡的"新建"选项组中单击"新建文件夹"按钮，此时将新建一个文件夹，且文件夹名称呈可编辑状态，输入"学习资料"，然后按 Enter键，完成"学习资料"文件夹的创建。在右侧窗格双击"学习资料"文件夹，在"主页"选项卡的"新建"选项组中单击"新建文件夹"按钮，此时将新建一个文件夹，且文件夹名称呈可编辑状态，输入"大学语文"，然后按 Enter 键，完成"大学语文"文件夹的创建。

步骤 2：将"语文学习计划.txt"文件移动到"大学语文"文件夹中，并将其重命名为"学习计划.txt"。

在地址栏中，单击 OS（D:），右击"语文学习计划.txt"，在弹出的快捷菜单中选择"剪切"选项，双击打开"学习资料"文件夹，然后双击打开"大学语文"文件夹，在空白处右击，在弹出的快捷菜单中选择"粘贴"选项。右击"语文学习计划.txt"，在弹出的快捷菜单中选择"重命名"选项，此时文件名呈可编辑状态，删除"语文"两个字，然后单击空白处或按 Enter 键完成重命名操作。

步骤 3：将"班级通讯录.xlsx"文件的属性修改为只读。

右击"班级通讯录.xlsx"文件，在弹出的快捷菜单中选择"属性"选项，弹出如图 2-13 所示的对话框，在"常规"选项卡中选中"只读"复选框，然后单击"确定"按钮即可。

步骤 4：删除 D 盘根目录下的"班级通讯录.xlsx"文件，然后通过回收站查看并还原。

右击 D 盘根目录下的"班级通讯录.xlsx"文件，在弹出的快捷菜单中选择"删除"选项，即可删除选择的"班级通讯录.xlsx"文件。

单击任务栏最右侧的"显示桌面"按钮，切换至桌面，双击"回收站"图标，在打开的窗口中可以查看到最近删除的文件或文件夹等对象，在要还原的"班级通讯录.xlsx"文件

图 2-13　设置文件属性

上右击，在弹出的快捷菜单中选择"还原"选项，即可将其还原到被删除前的位置。

步骤 5：搜索 D 盘下的所有.pptx 格式的文件。

在文件资源管理器中打开需要搜索的位置。如果要在所有磁盘中查找，则打开"此电脑"窗口，如果要在某个磁盘分区或文件夹中查找，则打开具体的磁盘分区或文件夹窗口，这里打开 D 盘。

在窗口地址栏后面的搜索框中输入要搜索的文件信息，这里输入".pptx"，Windows 会自动在当前位置搜索所有符合文件信息的对象，并在文件显示区中显示搜索结果，如图 2-14 所示。

搜索文件或文件夹

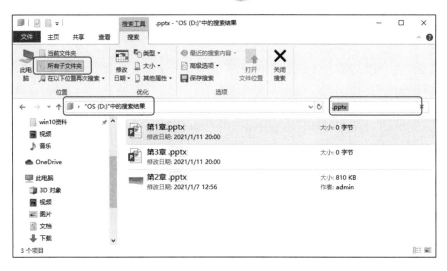

图 2-14　搜索 D 盘下的所有.pptx 格式的文件

根据需要，还可以在"搜索"选项卡的"优化"选项组中选择"修改日期""大小""类型""其他属性"选项来设置搜索条件，缩小搜索范围；搜索完成后单击"关闭搜索"按钮即可退出搜索。

步骤 6：把"学习资料"文件夹固定到快速访问列表中。

Windows 10 操作系统提供了一种新的便于用户快速访问常用文件夹的方式，即快速访问列表，该列表位于导航窗格最上方，用户可将频繁使用的文件夹固定到快速访问列表中，以便于快速找到并使用。

右击"学习资料"文件夹，在弹出的快捷菜单中选择"固定到快速访问"选项即可。

2.2.4　拓展训练

1）在桌面上建立一个 Word 文件，命名为"我的日记"，然后删除这个文件。

2）在计算机 D 盘中建立一个文件夹，命名为"这是秘密文件夹"，然后将该文件夹的属性设置为隐藏，隐藏这个文件夹。

3）打开某个存放了多张图片的文件夹，在"查看"选项卡的"布局"选项组选择"超大图标""大图标""中图标""小图标""列表""详细信息""平铺""内容"等显示模式，查看图片文件显示效果的不同。

4）在 D 盘创建两个文件夹，文件夹名分别为"文件夹一"和"文件夹二"。共享"文件夹一"，要求只能查看，不能修改和删除，即具有只读权限；共享"文件夹二"，要求既能查看，又能修改和删除，即具有完全控制权限。

5）在桌面上创建一个"新图片库"，并选择磁盘上有关图片的文件和文件夹加入该库中。

2.3　管理计算机

磁盘管理

 学习目标

- 熟悉系统日期和时间的设置。
- 熟练掌握区域选项的设置方法。
- 掌握添加、删除应用程序的方法。
- 掌握键盘和鼠标的设置方法。
- 掌握 Microsoft 账户的注册与登录。

2.3.1　控制面板

控制面板是 Windows 图形用户界面的一部分。它允许用户查看并更改基本的系统设置，如添加、删除软件，控制用户账户，更改辅助功能选项。从 Windows 10 操作系统的 2020 年 10 月更新开始，微软一直在尝试将更多控制面板用户推向"设置"应用程序。正如 2021 年 1 月发布的 Windows 10 预览版本中发现的那样，微软现在将更多在控制面板中的功能引入"设置"中。在 Windows 10 操作系统的"开始"菜单中单击"设置"按钮，即可打开如图 2-15 所示的"设置"窗口。

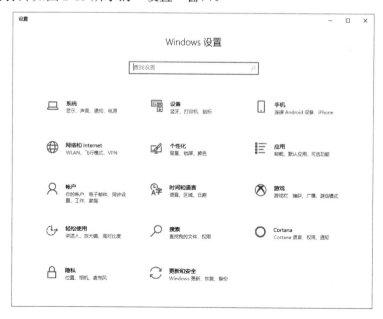

图 2-15　Windows 设置窗口

如图 2-16 所示，在 Windows 10 操作系统中，在任务栏的搜索框中输入"控制面板"，在搜索结果中单击控制面板图标，就能打开"控制面板"窗口。"控制面板"窗口可以以"类别""大图标""小图标"3 种不同的查看方式显示，如图 2-17 所示。

认识控制面板

图 2-16 查找"控制面板"

图 2-17 "控制面板"窗口及其查看方式

1. 设置个性化的桌面

在桌面空白处右击，在弹出的快捷菜单中选择"个性化"选项，在打开的窗口中即可设置个性化桌面，如图 2-18 所示。

（1）设置桌面背景和主题

如果用户不喜欢长时间使用同一个桌面背景，可以对桌面背景进行更换，可以把自己喜欢的图片作为桌面背景。如果用户不想一一设置各个外观属性，可以通过一次性设置桌面主题来设置统一的风格。

（2）设置屏幕分辨率

屏幕分辨率描述了水平和垂直方向最多能显示的像素点。分辨率越高，说明屏幕中的像素点越多，可显示的内容就越多。例如，屏幕分辨率为 1024×768，就表示在水平方向显示 1024 个像素，在垂直方向显示 768 个像素。显示器屏幕的物理尺寸是不变的，所以分辨率越高，每个像素的实际面积就越小。由于图标和文字包含的像素并不改变，因此分辨率越高，显示的对象越小。

　　调整屏幕分辨率的步骤：右击桌面空白处，在弹出的快捷菜单中选择"显示设置"选项，打开如图 2-19 所示的设置窗口，在右侧的"显示分辨率"下拉列表中选择相应的分辨率即可。

图 2-18　个性化设置窗口

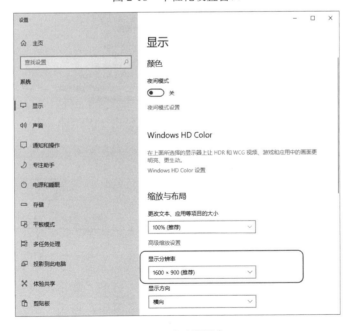

图 2-19　显示设置窗口

（3）设置屏幕保护程序

　　屏幕保护程序用于在用户暂时离开计算机或暂时不与计算机进行交互操作时，以动画或黑屏方式显示于屏幕，以达到保护屏幕并保障系统安全的目的。

设置屏幕保护程序的步骤：在任务栏的搜索框中输入"屏幕保护程序"，在搜索结果中单击"更改屏幕保护程序"图标，即可弹出如图 2-20 所示的"屏幕保护程序设置"对话框。在"屏幕保护程序"下拉列表中选择一种屏幕保护程序，设置等待时间，然后单击"确定"按钮即可。

（4）调节系统的声音效果

在 Windows 10 操作系统中，用户可以给系统的各种动作进行配音。例如，大家耳熟能详的 Windows 的"开始曲"，其实就是这样一种配音。如果用户愿意，完全可以用自己喜欢的乐曲或声音替换它，使自己的 Windows 10 操作系统更加个性化。用户可在"控制面板"中单击"硬件和声音"链接，在打开的窗口中单击"更改系统声音"链接，在弹出的"声音"对话框中选择一个声音主题，即可完成各个程序事件的声音设置，如图 2-21 所示。

设置屏幕保护程序

图 2-20 "屏幕保护程序设置"对话框

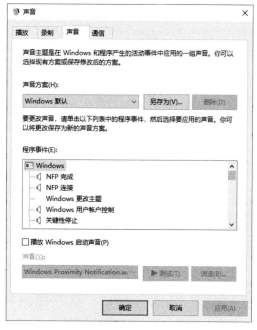

图 2-21 "声音"对话框

2. 时钟和区域

时钟和区域选项可用于更改时区，设置时间、日期、货币、数字等格式。具体操作方法如下：打开"控制面板"窗口，单击"更改日期、时间或数字格式"链接，如图 2-22 所示。在弹出的"区域"对话框中可以设置日期和时间的格式，单击"其他设置"按钮，弹出"自定义格式"对话框，在此对话框中可以设置数字、货币、时间、日期等格式，如图 2-23 所示。

设置区域选项

图 2-22　"控制面板"窗口

图 2-23　"自定义格式"对话框

3. 卸载或更改程序

用户可以通过"控制面板"中的"程序"命令来卸载或更改应用程序。

2.3.2　任务管理器

任务管理器是 Windows 操作系统中的一个检测工具,可帮助用户随时检测计算机的性能。例如,使用任务管理器可以结束没有响应的程序,使用资源监视器可以监视 CPU、内存、磁盘等的使用情况。

1. 开启任务管理器

右击任务栏，在弹出的快捷菜单中选择"任务管理器"选项，即可打开如图 2-24 所示的"任务管理器"窗口。

2. 使用资源监视器

资源监视器提供了全面、详细的系统与计算机的各项状态运行信号，包括 CPU、内存、磁盘及网络等，以方便用户随时查看计算机的运行状态。在"任务管理器"窗口，选择"性能"选项卡，单击"打开资源监视器"按钮，即可打开如图 2-25 所示的"资源监视器"窗口。

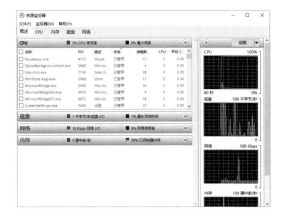

图 2-24　"任务管理器"窗口　　　　　图 2-25　"资源监视器"窗口

在"资源监视器"窗口中，选择"CPU"选项卡，即可显示所有进程在 CPU 的使用情况；选择"内存"选项卡，即可查看当前进程内存的使用情况；选择"磁盘"选项卡，即可查看当前进程的磁盘访问情况；选择"网络"选项卡，即可查看当前进程的网络活动情况。

> **┃ 小技巧**
>
> ### 使用任务管理器关闭未响应程序
>
> 　如果在系统运行的过程中，某个应用程序出错，很久没有响应，那么可以按 Ctrl+Alt+Delete 组合键，在打开的界面中，单击"任务管理器"按钮，在打开的"任务管理器"窗口中的"进程"选项卡中选择该程序，然后单击"结束任务"按钮即可。

2.3.3　任务——Windows 10 操作系统的个性化设置

1. 任务描述

李红学习计算机一段时间了，她准备对操作系统的工作环境进行个性化定制。具体要求如下：

1）注册一个 Microsoft 账户。

2）切换为本地账户登录。

3）将"头像.jpg"图片设置为本地账户头像，并设置账户密码。

4）将"背景.jpg"图片设置为桌面背景，主题颜色从桌面背景中获取，并将其应用到"开始"菜单和任务栏、标题栏及窗口边框中。将已设置的个性化外观保存为"荷花"主题。

5）设置日期和时间，将"星期日"设置为一周的第一天。

6）将 Word 2019 程序固定到任务栏中。

2. 任务分析

Windows 10 操作系统的个性化设置和管理大多可在 Windows 设置中完成。本任务主要涉及以下操作：设置个性化、时间和语言、账户等。

3. 任务实现

步骤 1：注册一个 Microsoft 账户。

在 Windows 10 操作系统中集成了很多 Microsoft 服务，如 Outlook.com、OneDrive、Skype 等，用户都需要使用 Microsoft 账户进行访问和使用，而且登录 Microsoft 账户后，还可以在多个 Windows 10 设备上同步设置和使用。注册 Microsoft 账户的具体操作如下：

1）在浏览器上输入注册 Microsoft 账户的网址（https://login.live.com/），就可以进入登录的页面。

2）进入登录页面后，单击登录下方的"创建一个"按钮，就可以进入注册的页面。在注册的页面中输入账户名称，然后单击"下一步"按钮。进入创建密码的页面，输入需要的密码，单击"下一步"按钮。输入其他创建账户需要的个人信息后单击"下一步"按钮。等待页面跳转后，即可生成创建的账户。

步骤 2：切换为本地账户登录。

本地账户是计算机启动时登录的一种账户，只作为本计算机登录的账户。本地账户可与 Microsoft 账户相互切换。切换为本地账户的操作如下：在设置窗口的左侧选择"账户信息"选项，在右侧单击"改用本地账户登录"按钮；在打开的窗口中输入 Microsoft 账户的密码，单击"下一步"按钮，弹出"添加安全信息"对话框，输入手机号，提示保存工作，单击"注销/完成"按钮，系统即可开始注销并切换到本地账户登录。

步骤 3：设置账户头像和密码。

用户头像默认为灰色头像，用户可手动将喜欢的照片或图片设置为账户头像。设置账户头像和密码的操作如下：在"开始"菜单中，单击"设置"按钮，打开设置窗口，单击"账户"链接，在右侧的"账户信息"选项组中的"创建头像"中，单击"从现有图片中选择"按钮，在弹出的对话框中选择"头像.jpg"图片，单击"选择图片"按钮，即可看到所设置的头像。在设置窗口左侧单击"登录选项"链接，在右侧单击"密码"按钮，再单击"添加"按钮，按要求输入密码和密码提示，单击"下一步"按钮，在打开的界面中将提示密码创建完成，然后单击"完成"按钮即可。

步骤 4：将"背景.jpg"图片设置为桌面背景，主题颜色从桌面背景中获取，并将其应用到"开始"菜单和任务栏、标题栏和窗口边框中。将已设置的个性化外观保存为"荷花"主题。

1）设置背景。右击桌面空白处，在弹出的快捷菜单中选择"个性化"选项，在打开的窗口右侧的"选择图片"选项组中，单击"浏览"按钮，在弹出的"打开"对话框中选择需要的图片"背景.jpg"，单击"选择图片"按钮，关闭窗口后即可看到设置桌面背景后的效果。

2）设置颜色。在打开的"个性化"窗口左侧选择"颜色"选项，在右侧的"选择你的主题色"选项组中选中"从我的背景自动选取一种主题色"复选框，再选中"'开始'菜单、任务栏和操作中心"和"标题栏和窗口边框"复选框，如图 2-26 所示。设置完成后，关闭窗口返回桌面，打开"开始"菜单即可查看效果，效果如图 2-27 所示。

设置桌面背景
和主题颜色

3）保存主题。打开"个性化"窗口，在左侧选择"主题"选项，在右侧单击"保存主题"按钮。在弹出的"保存主题"对话框中输入"荷花"，单击"保存"按钮，此时主题将被保存，在应用主题栏中将显示新的主题名称。

步骤 5：设置日期和时间，将"星期日"设置为一周的第一天。

在任务栏中的时间显示区域上右击，在弹出的快捷菜单中选择"调整时间/日期"选项，打开"日期和时间"设置窗口，如图 2-28 所示。在该窗口右侧的"相关设置"选项组中，单击"日期、时间和区域格式设置"链接，打开如图 2-29 所示的窗口。在右侧的"区域格式数据"选项组中单击"更改数据格式"链接，打开如图 2-30 所示的窗口，在"一周的第一天"下拉列表中选择"星期日"选项即可。

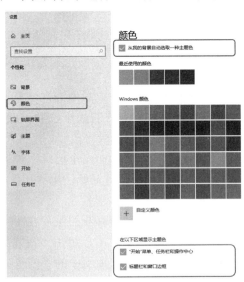

图 2-26　"颜色"设置窗口

图 2-27　个性化设置后的效果

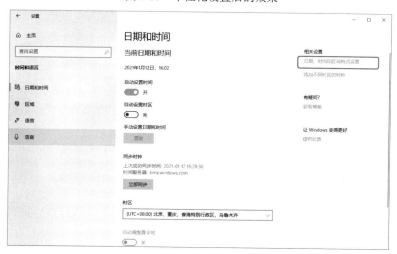

图 2-28　"日期和时间"设置窗口

图 2-29　"区域"设置窗口

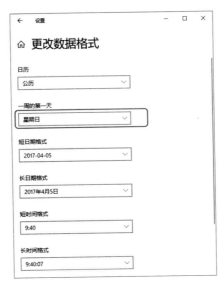

图 2-30 "更改数据格式"窗口

步骤 6：将 Word 2019 程序固定到任务栏中。

单击"开始"按钮，在"开始"菜单中找到"Word 2019"程序，右击，在弹出的快捷菜单中选择"更多"选项，在子菜单中选择"固定到任务栏"选项，即可看到"Word 2019"程序被固定到了任务栏中。

2.3.4 拓展训练

1）查看本机安装了哪些程序，并将不需要的程序卸载。

2）了解自己计算机的备份情况，通过学习备份相关知识，试着自己备份计算机数据。

3）进行磁盘清理和碎片整理。

第3章 文字处理软件 Word 2019 的使用

Office 2019 是微软公司推出的一款广受欢迎的计算机办公组合套件。它主要包括文字处理软件 Word 2019、电子表格软件 Excel 2019 及演示文稿制作软件 PowerPoint 2019 等。

　　本章主要讲述文字处理软件 Word 2019 的使用方法。Word 2019 是功能非常强大的文字处理软件，利用它可以帮助用户编辑公文、制作表格、设计各种宣传海报、制作个人简历等。Word 已逐渐成为人们在办公、学习、生活中必不可少的应用工具，能使用 Word 进行各类文档的编排是现代办公最基本的要求。

3.1 基 础 排 版

 学习目标

- 了解 Word 2019 的工作界面。
- 理解文档页面的设置和文档输入的方法。
- 掌握文本的基本编辑方法，如文本的选择、删除、复制、移动等。
- 掌握设置文档字符格式和段落格式的方法。
- 掌握为段落添加边框和底纹的方法。
- 掌握使用格式刷复制文本格式的方法。

3.1.1 Word 2019 工作界面

　　启动 Word 2019 程序后，就进入其工作界面，如图 3-1 所示。Word 2019 的工作界面包括快速访问工具栏、标题栏、功能区、编辑区和状态栏等部分。

　　1）快速访问工具栏：为便于用户操作，系统提供了快速访问工具栏，主要放置一些在编辑文档时使用频率较高的命令。默认情况下，该工具栏位于控制菜单按钮的右侧，其中包含了"保存" 💾、"撤销" ↺ 和"重复" ↻ 按钮。

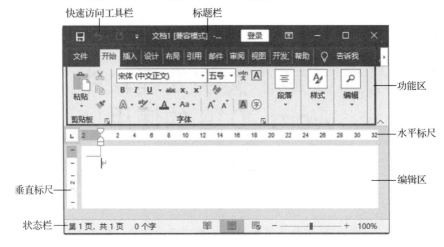

图 3-1　Word 2019 的工作界面

2）标题栏：标题栏位于窗口的最上方，其中显示了当前编辑的文档名、程序名和窗口控制按钮。其中，单击标题栏右侧的 3 个窗口控制按钮 ▬ □ ✕ ，可将程序窗口最小化、还原/最大化或关闭。

3）功能区：Word 2019 将其大部分功能命令分类放置在功能区的各个选项卡中，如"文件""开始""插入""设计""引用"等选项卡。在每一个选项卡中，命令又被分成了若干个组，如图 3-2 所示。要执行某项命令，可先单击命令所在的选项卡的标签切换到该选项卡，然后单击需要的命令按钮即可。

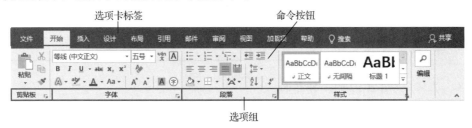

图 3-2　功能区

┃ 小技巧

功能区最小化

　　在 Word 2019 中，选项卡功能区占据窗口上部很大一块区域，在查看 Word 文档时希望尽量扩大编辑区，这时可将功能区最小化。方法是，单击窗口"最小化"按钮左侧的 ⊡ 按钮，可将功能区隐藏或显示。

4）标尺：分为水平标尺和垂直标尺，主要用于确定文档内容在纸张的位置。通过

"视图"选项卡的"标尺"复选框，可显示或隐藏标尺。

5）编辑区：在 Word 2019 中，水平标尺下方的空白区域是编辑区，用户可以在该区域内输入文本、插入图片，或对文档进行编辑、修改和排版等。在编辑区左上角有一个不停闪烁的光标，称为插入点，用于指示当前的编辑位置。

6）滚动条：分为垂直滚动条和水平滚动条。通过上下或左右拖动滚动条，可以浏览文档中位于工作区以外的内容。

7）状态栏：状态栏位于 Word 文档窗口底部，其左侧显示了当前文档的状态和相关信息，右侧显示的是视图模式和视图显示比例。单击"缩小"按钮－或向左拖动缩放滑块，可缩小视图显示比例：单击"放大"按钮＋或向右拖动缩放滑块，可放大视图显示比例。

3.1.2　Word 2019 文档操作

1．新建空白文档

调整窗口的显示
比例

启动 Word 2019 或在已打开的 Word 文档窗口中选择"文件"→"新建"选项，在界面右侧窗格中选择"空白文档"选项，即可新建一个空白文档，如图 3-3 所示。

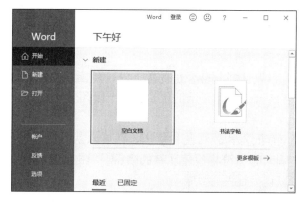

图 3-3　创建空白文档

2．保存文档

要保存新建的文档，可通过选择"文件"→"保存"选项，或单击快速访问工具栏中的"保存"按钮，或使用 Ctrl+S 组合键。在打开的界面中选择"浏览"选项，如图 3-4 所示。在弹出的"另存为"对话框中选择保存文档的位置，在"文件名"文本框中输入文档名称，在"保存类型"下拉列表中选择要保存为的文件类型，最后单击"保存"按钮即可将文档保存。

默认情况下，Word 2019 文档类型为 Word 文档，扩展名为.docx；系统还可以提供用户选择 Word 2019 以前的版本，如 Word 97-2003；"保存类型"下拉列表中提供的类型有 PDF、XPS、RTF、纯文本、网页等。

3．关闭文档

选择"文件"→"关闭"选项，或单击右上角的"关闭"按钮❌都可以关闭文档。

关闭文档或退出 Word 2019 程序时，若文档未保存，则系统会弹出如图 3-5 所示的提示对话框，询问用户是否保存文档。

图 3-4　"另存为"界面

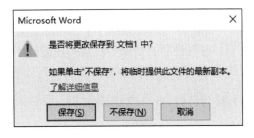

图 3-5　保存提示框

3.1.3　Word 2019 文档内容操作

格式刷的应用

1. 输入文本

文档制作的一般原则是先进行文字输入，后进行格式排版。在这个过程中，不要使用空格对齐文本。

1）输入文字时，首先选择一种合适的输入法，然后在文档中输入内容。

2）输入的文字会显示在光标显示的位置，一个段落输入完毕，按 Enter 键开始新的段落，原段落末尾出现段落标记↵。

3）编辑文档时，有插入和改写两种状态，在插入状态下，输入的字符将插入光标处；在改写状态下，输入的字符将覆盖现有的字符。单击状态栏中的"插入"或"改写"按钮或按 Insert 键可以切换这两种状态。

4）插入如☺、☎、※、≅、①等键盘上不能直接输入的特殊符号时，可以在"插入"选项卡中单击"符号"选项组中的"符号"按钮来完成。

2. 选择文本

在对文档进行编辑或排版以前，必须先选择要处理的文本。选择文本时，被选的文本有黑色底纹突出显示。常用的鼠标选择文本方法如表 3-1 所示。

表 3-1　鼠标选择文本方法

选定范围	操作方法
任何数量的文本	将鼠标指针从起始处一直拖动到这些文本的结尾处
一行文本	将鼠标指针移动到该行左侧选定栏，然后单击
一个段落	将鼠标指针移动到该段落的左侧选定栏，然后双击
多个段落	将鼠标指针移动到该段落的左侧选定栏，并向上或向下拖动鼠标
整篇文档	将鼠标指针移动到文档中左侧选定栏，三击鼠标左键
文本框或框架	单击文本框内部，然后将鼠标指针移动到框架或文本框的边框之上，直到其鼠标指针变成四向箭头，然后单击

也可以使用键盘上的键来选择文本，按住 Shift 键的同时按下光标移动键，即可以将光标起始处到光标所到处的文本选中。

3．删除文本

按 Backspace 键，可删除光标左侧的字符；按 Delete 键，可删除光标右侧的字符；选择文本区域后按 Delete 或 Backspace 键即可删除选择的所有文本。

4．复制或移动文本

在编辑文档时，有时需要将一段文字复制或移到另外一个位置。复制是在保留所选文本的基础上，在其他的位置复制一份相同的文本，而移动则是将所选的文本从一个位置搬到另一个位置。

（1）鼠标操作

选择要移动或复制的文本，然后将鼠标指针移至选择的文本上，按住鼠标左键，此时如果要移动选择的文本，则可将选择内容拖至目标位置；如果要复制选择的内容，按住 Ctrl 键并将选择的内容拖至要复制的位置即可。

（2）命令操作

先选择要移动或复制的文本，右击，在弹出的快捷菜单中选择"复制"选项把选择的文字复制到剪切板；然后将光标定位在要输入的位置，右击，在弹出的快捷菜单中选择"粘贴选项"→"保留源格式"选项 。如果是移动，将上述的"复制"选项改为"剪切"选项即可。

5．设置字符格式

在 Word 2019 中，常用的字符格式主要包括字体、字号、字体颜色，以及加粗、倾斜、下划线等。

1）通过"开始"选项卡"字体"选项组中的相关按钮设置字符格式，如图 3-6 所示。

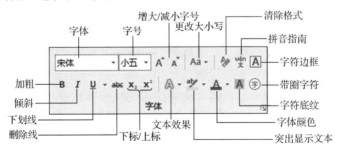

图 3-6　"字体"选项组

2）通过"字体"对话框设置字符格式。

单击"字体"选项组右下角的对话框启动器 ，弹出"字体"对话框。在"字体"选项卡中可以设置中文字体、西文字体、字形、字号和字体颜色等；在"高级"选项卡中可以设置字符缩放、间距、位置等格式，如图 3-7 所示。

图 3-7 "字体"对话框

① 缩放：是指在保持字符高度不变的情况下改变字符宽度，100%表示无缩放。用户可以在"缩放"下拉列表中选择缩放百分比，或直接输入缩放百分比。

② 间距：是指字符之间的距离。在"间距"下拉列表中选择"加宽"或"紧缩"选项，然后可在右侧的"磅值"编辑框中设置需要加宽或紧缩的字符间距值。若选择"标准"选项，可恢复默认的字符间距。

③ 位置：在"位置"下拉列表中选择"提升"或"降低"选项，然后在"磅值"编辑框中设置需要的数值，可将所选字符向上提升或向下降低。

6. 设置段落格式

在 Word 2019 中，常用的段落格式主要包括对齐方式、段前段后间距、首行缩进和悬挂缩进、行距、边框和底纹等。段落格式，可通过"开始"选项卡"段落"选项组中的相应按钮或"段落"对话框进行设置。

（1）通过"开始"选项卡"段落"选项组中的相应按钮设置段落格式

利用"开始"选项卡"段落"选项组中的相应按钮可以设置段落的对齐方式、缩进、行间距，以及边框和底纹、项目符号等，如图 3-8 所示。

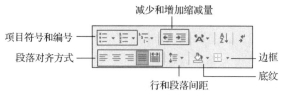

字体段落格式的
设置

图 3-8 "段落"选项组

1）项目符号和编号：对所选段落设置项目符号列表、编号列表。

2）段落对齐方式：设置所选段落的对齐方式，有左对齐、居中、右对齐、两端对齐和分散对齐 5 种对齐方式。

设置制表位

3）增加/减少缩进量：增减段落左侧与左页边的距离。

4）行距：对所选择段落各行之间的距离进行调整。

5）边框：对所选文本或段落添加边框，可以从下拉列表中选择不同的边框类型，还可以选择下拉列表中的"边框和底纹"选项，在弹出的"边框和底纹"对话框中进一步详细设置边框的样式和颜色，如图 3-9 所示。

6）底纹：对所选文本或段落设置背景颜色，可以从调色板中选择颜色。

（2）通过"段落"对话框设置段落格式

单击"段落"选项组右下角的对话框启动器，弹出"段落"对话框，可以设置更多的段落格式。例如，要设置 1.3 倍行距，在"行距"下拉列表中选择"多倍行距"选项，然后在"设置值"编辑框中输入 1.3，如图 3-10 所示。

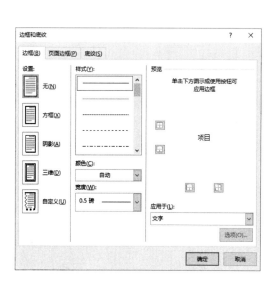

图 3-9 "边框和底纹"对话框

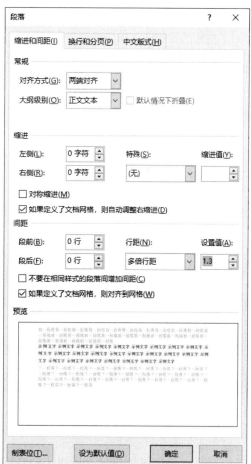

图 3-10 "段落"对话框

│▌ 小技巧 ─────────────────────────────

快速改变行距

选择想要改变行距的文本段落，按 Ctrl+1 组合键，可将该段落设置为单倍行距；按 Ctrl+2 组合键，可将该段落设置为双倍行距。

---

7. 设置页面格式

页面格式设置主要包括纸张大小、纸张方向、页边距等。选择"布局"选项卡，可利用"页面设置"选项组的按钮完成如纸张大小、纸张方向等简单的页面设置，如图 3-11 所示。对格式要求较高的，则要通过单击"页面设置"选项组右下角的对话框启动器，在弹出的"页面设置"对话框中进行设置，如图 3-12 所示。

改变版面布局

图 3-11　"页面设置"选项组　　　　　　　　图 3-12　"页面设置"对话框

8. 格式刷的使用

使用格式刷可以复制字符格式和段落格式，使用方法如下：

1）选择要进行格式复制的文本，或将光标置于段落中。

2）单击"开始"选项卡"剪贴板"选项组中的"格式刷"按钮 。

格式刷的应用

3）拖动鼠标选择目标文本或段落即可。

在 Word 2019 中，段落格式设置信息被保存在每段后的段落标记中。因此，如果只希望复制字符格式，就不要选中段落标记：如果希望同时复制字符格式和段落格式，则须选中段落标记。此外，如果只希望复制某段落的段落格式，只需将光标置于源段落中，单击"格式刷"按钮，再单击目标段落即可，无须选中段落文本。

若要将所选格式应用于文档中的多处内容，只需双击"格式刷"按钮，然后依次选择要应用该格式的文本或段落即可。在此方式下，若要结束格式复制操作，需按 Esc 键或再次单击"格式刷"按钮即可。

9．打印文档

在正式打印之前，可以通过打印预览功能先查看最后的打印效果，以便确定设置好的页面格式是否满意，这样做可以节省时间和纸张。

选择"文件"→"打印"选项，在打开的打印窗口右侧的内容就是打印预览内容，如图 3-13 所示。在打印窗口的左侧可以对打印份数、打印页数等进行设置。窗口右下角有显示比例滚动条，对其拖动可以实现不同显示比例的预览，右侧有上下滚动条，对其拖动可以查看不同页面。设置完成后，单击"打印"按钮即可打印。

图 3-13　打印窗口

3.1.4　任务——制作"关于开展'社会主义核心价值观宣传月'活动的通知"

1．任务描述

为深入学习贯彻习近平新时代中国特色社会主义思想和党的十九大精神，紧紧围绕纪念五四运动 100 周年，团结引领广大团员青年弘扬和践行社会主义核心价值观，积极投身同心共筑伟大复兴中国梦的奋斗征程，校团委决定在全校团员青年中开展"社会主义核心价值观宣传月"活动，需要制作一份通知，通知样本如图 3-14 所示。

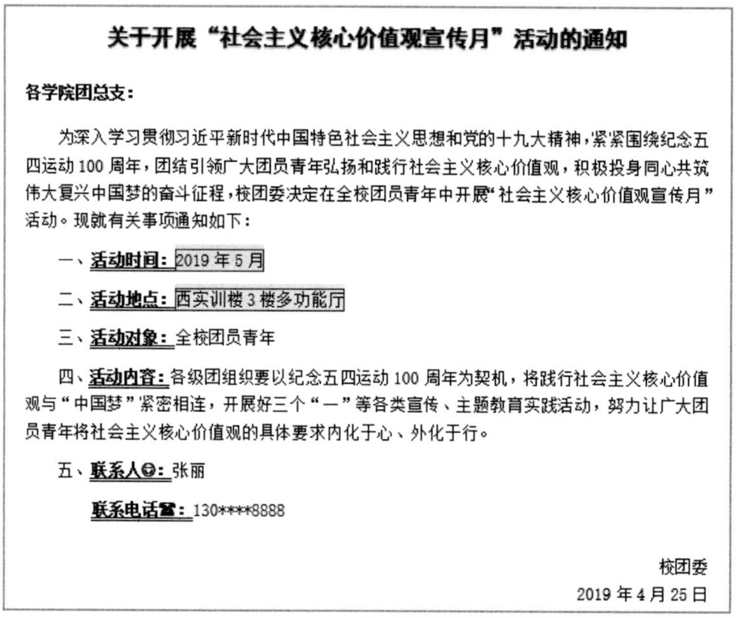

关于开展"社会主义核心价值观宣传月"活动的通知

各学院团总支：

　　为深入学习贯彻习近平新时代中国特色社会主义思想和党的十九大精神，紧紧围绕纪念五四运动 100 周年，团结引领广大团员青年弘扬和践行社会主义核心价值观，积极投身同心共筑伟大复兴中国梦的奋斗征程，校团委决定在全校团员青年中开展"社会主义核心价值观宣传月"活动。现就有关事项通知如下：

　　一、**活动时间：** 2019 年 5 月
　　二、**活动地点：** 西实训楼 3 楼多功能厅
　　三、**活动对象：** 全校团员青年
　　四、**活动内容：** 各级团组织要以纪念五四运动 100 周年为契机，将践行社会主义核心价值观与"中国梦"紧密相连，开展好三个"一"等各类宣传、主题教育实践活动，努力让广大团员青年将社会主义核心价值观的具体要求内化于心、外化于行。
　　五、**联系人☺：** 张丽

　　联系电话☎： 130****8888

校团委
2019 年 4 月 25 日

图 3-14　培训通知样本

2. 任务分析

完成本任务首先要进行文本输入，包括特殊字符的输入，然后对文本进行一定的编辑修改，如复制、剪切、移动和删除等，最后按要求对文本进行相应的格式设置，从而学会制作会议通知、工作报告和总结等日常办公文档。

要完成本任务，需要进行如下操作：

1）新建文档，命名为"关于开展'社会主义核心价值观宣传月'活动的通知.docx"。

2）设置页面：页边距为"中等"，纸张方向为纵向，纸张大小为 A4。

3）输入文本内容。

4）设置标题文字格式：字体为黑体，字号为三号，字形为加粗，字体颜色为黑色，效果为阴影（内部：上）；段前、段后各为 12 磅，对齐方式为居中对齐。

5）设置正文格式：字体为宋体，字号为小四号；段落行距为固定值 19 磅，首行缩进 2 字符。

6）设置称谓格式：字形加粗；段后为 12 磅，无首行缩进。

7）设置各段子标题格式：字形加粗，下划线为双线，段前 0.5 行。

8）设置时间和地点格式：底纹为黄色，边框为 0.5 磅红色单线。

9）插入符号：在"联系人"后插入☺符号，在"联系电话"后插入☎符号。

10）设置落款格式：对齐方式为右对齐。

11）打印预览文档。

12）保存文档。

3．任务实现

步骤 1：创建"关于开展'社会主义核心价值观宣传月'活动的通知.docx"文档并保存。

启动 Word 2019，新建一个空白文档。选择"文件"→"保存"选项，弹出"另存为"对话框。选择保存位置为桌面，在"文件名"文本框中输入文档名称"关于开展'社会主义核心价值观宣传月'活动的通知"，最后单击"保存"按钮即可。

步骤 2：进行页面设置。

1）选择"布局"选项卡，单击"页面设置"选项组中的"页边距"下拉按钮，在弹出的下拉列表中选择"中等"选项，完成页边距的设置。

2）单击"纸张方向"下拉按钮，在弹出的下拉列表中选择"纵向"选项，完成纸张方向的设置。

3）单击"纸张大小"下拉按钮，在弹出的下拉列表中选择"A4"选项，完成纸张大小的设置。

步骤 3：输入文本。

文本输入完成后的效果如图 3-15 所示。

关于开展"社会主义核心价值观宣传月"活动的通知

各学院团总支：

为深入学习贯彻习近平新时代中国特色社会主义思想和党的十九大精神，紧紧围绕纪念五四运动 100 周年，团结引领广大团员青年弘扬和践行社会主义核心价值观，积极投身同心共筑伟大复兴中国梦的奋斗征程，校团委决定在全校团员青年中开展"社会主义核心价值观宣传月"活动。现就有关事项通知如下：

一、活动时间：2019 年 5 月

二、活动地点：西实训楼 3 楼多功能厅

三、活动对象：全校团员青年

四、活动内容：各级团组织要以纪念五四运动 100 周年为契机，将践行社会主义核心价值观与"中国梦"紧密相连，开展好三个"一"等各类宣传、主题教育实践活动，努力让广大团员青年将社会主义核心价值观的具体要求内化于心、外化于行。

五、联系人：张丽

联系电话：130****8888

校团委

2019 年 4 月 25 日

图 3-15　文本输入完成后的效果

步骤 4：设置字体格式。

1）选中标题文字，在"开始"选项卡的"字体"选项组中单击"字体"下拉按钮，在弹出的下拉列表中选择"黑体"选项；单击"字号"下拉按钮，在弹出的下拉列表中选择"三号"选项；单击"加粗"按钮；单击"字体颜色"下拉按钮，在弹出的调色板中选择黑色；单击"字体"选项组中的"文本效果"下拉按钮，设置阴影效果为"内部：上"。

2）选中正文，在"开始"选项卡的"字体"选项组中设置字体为"宋体"，字号为"小四"。

3）选中称呼文字，在"开始"选项卡的"字体"选项组中单击"加粗"按钮。

4）选中子标题"活动时间"，在"开始"选项卡的"字体"选项组中单击"加粗"按钮；单击"下划线"下拉按钮，在弹出的下拉列表中选择"双下划线"选项。

其他子标题与"活动时间"子标题的格式相同，因此可以利用"格式刷"功能将"活动时间"子标题的格式复制到其他子标题。具体方法：选中"活动时间"文本，双击"格式刷"按钮，鼠标指针变为🖌，拖动鼠标依次选择其他子标题文字，所有子标题即具有与"活动时间"相同的文本格式。完成操作后单击"格式刷"按钮，停止复制格式。

步骤 5：设置段落格式。

1）选中标题段落或将光标放在标题段落的任意位置，在"开始"选项卡的"段落"选项组中单击"居中"按钮，将段落对齐方式设为居中对齐；单击"段落"选项组右下角的对话框启动器，弹出"段落"对话框，在"缩进和间距"选项卡的"间距"选项组中设置"段前"和"段后"的值为 12 磅。

2）选中正文，再次打开"段落"对话框，在"缩进和间距"选项卡的"间距"选项组中设置"行距"为固定值，值为 19 磅；在"缩进"选项组中设置"特殊格式"为"首行缩进"，缩进值为 2 字符；最后将"联系电话"段落设置为"首行缩进" 4 字符。

3）选中称呼"各学院团总支："段落，再次打开"段落"对话框，在"间距"选项组中设置"段后"为 12 磅。

4）按住 Ctrl 键的同时依次选中所有子标题段落，按上面步骤中的操作方法设置段前为 0.5 行。

5）选中落款两段，在"开始"选项卡的"段落"选项组中单击"右对齐"按钮，将段落的对齐方式设为右对齐。

步骤 6：设置边框和底纹。

1）选中"2019 年 5 月"（不包括段落标记↵），在"开始"选项卡的"段落"选项组中单击"下框线"下拉按钮，在弹出的下拉列表中选择"边框和底纹"选项，弹出"边框和底纹"对话框。

2）在"边框"选项卡的"设置"选项组中选择"方框"选项，设置"样式"为单实线，设置"颜色"为红色，设置"宽度"为 0.5 磅，设置"应用于"为"文字"。

3）在"底纹"选项卡中设置"填充"为黄色，应用于"文字"。

4）重复步骤 1）～3），对"西实训楼 3 楼多功能厅"文本设置相同的边框和底纹。使用"格式刷"功能也可完成此项操作。

步骤 7：插入特殊符号。

将光标定位在"联系人"后面，选择"插入"选项卡，在"符号"选项组中单击"符号"下拉按钮，在弹出的下拉列表中选择"其他符号"选项，弹出"符号"对话框。在"符号"对话框中选择"符号"选项卡，在"字体"下拉列表中选择 Wingdings 选项，选择☺符号,如图 3-16 所示,单击"插入"按钮完成插入操作。将光标定位在"联系电话"后面,使用与前面同样的方法完成插入☎符号的操作。

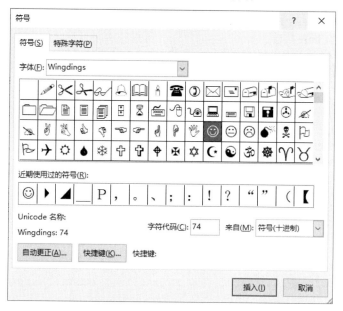

图 3-16　插入特殊符号

步骤 8:打印预览。

选择"文件"→"打印"选项,即可在右侧查看打印效果。单击 按钮可返回到编辑状态。

步骤 9:保存文档。

至此,本文档已按要求制作完成,单击"保存"按钮将文档及时保存。

3.1.5　拓展训练

制作一份"公司年终总结会议通知",进行以下操作。

1)在桌面上新建一个 Word 文档,公司为"公司年终总结会议通知"。

2)输入如图 3-17 所示的内容。

3)对文档进行编辑排版,最终样文如图 3-18 所示。具体排版要求如下:

① 页面设置:上边距为 1cm,下边距为 2cm,左右页边距均为 2cm,纸张大小为 B5,纸张方向为横向。

② 标题文字:字体为隶书,字号为二号,字形为加粗,字体颜色为蓝色,效果为阴影,加着重号;段前、段后各 0.5 行,对齐方式为居中对齐。

文档加密方法

③ 正文:字体为宋体,字号为小四号;行距为 1.5 倍行距,首行缩进 2 字符。

④ 称呼"各公司部门负责人及员工:",字形加粗,带下划线。

⑤ 各子标题:字形为加粗;文本底纹为灰色,边框为蓝色 0.5 磅单线。

⑥ 落款两段:对齐方式为右对齐。

⑦ 在标题左边插入特殊符号 🖾，颜色为橙色。

⑧ 为该文档设置打开密码为 123。

公司年终总结会议通知↵
各公司部门负责人及员工：↵
为进一步做好 2018 年的年终总结工作，明确 2019 年工作目标及实施计划，经公司董事会
研究决定召开 2018 年年终总结会议。现将有关事项通知如下：↵
一、会议时间 ↵
2018 年 12 月 28 日（周五）下午 2:30 ↵
二、会议地点 ↵
高老庄酒店 8 楼多功能会议室 ↵
三、会议要求 ↵
1. 请综合办公室部做好相关资料准备。↵
各部门汇报材料要以数据说话，重点进行结果和整改措施汇报，于 2018 年 12 月 25 日下班
前发到公司综合办。↵
2. 请与会人员妥善安排好工作，提前 15 分钟到场。↵
阿里里有限责任公司 ↵
2018 年 12 月 15 日↵

图 3-17　文本输入的内容

图 3-18　"公司年终总结会议通知"样文

3.2　图 文 混 排

学习目标

- 掌握文本框及艺术字的添加、设置方法。
- 掌握图片及形状的大小设置、版式更改、样式设置等编辑操作。
- 熟悉图文编排技巧。
- 了解页眉的设置方法。

所谓图文混排，就是指将图片与文本内容进行一定规律的排列，以使文档更加漂亮。

3.2.1　插入文本框与艺术字

1．文本框

文本框是 Word 排版中最常见且使用频率较高的元素。它不仅承载着储存图文的功能。同时，还能布局、排版、美化 Word 文档版面，使文档效果灵活多变，从而快速传递图文信息。

（1）快速插入文本框

选择"插入"选项卡，在"文本"选项组中单击"文本框"下拉按钮，在弹出的下拉列表中选择"简单文本框"选项，然后拖动鼠标绘制文本框即可。

小技巧

插入文本框的快捷方法

只需将文本框添加到快速访问工具栏中。这样，再需要插入文本框时，只需单击一次快速访问工具栏中的按钮，即可实现快速插入。添加方式：选中命令，右击，在弹出的快捷菜单中选择"添加到快速访问工具栏"选项即可。

（2）设置文本框格式

选择文本框，选择新出现的"绘图工具-格式"选项卡，可以在"形状样式""文本""排列"等选项组中单击相应的按钮进行设置，如图 3-19 所示。

图 3-19　"绘图工具-格式"选项卡

也可以右击文本框边框，在弹出的快捷菜单中选择"设置形状格式"选项，弹出"设置形状格式"窗格，如图 3-20 所示。

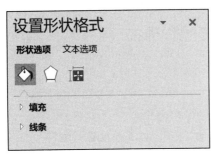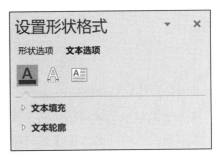

图 3-20 "设置形状格式"窗格

可分别选择"形状选项""文本选项"进行设置。

"形状选项"中包括"填充与线条""效果""布局属性"。

"文本选项"中包括"文本填充与轮廓""文字效果""布局属性"。

（3）快速添加相同格式的文本框

插入文本框，设计格式之后，如果想要得到相同大小或样式的文本框，可以使用以下方法。

方法 1：设置好文本框后，右击文本框边框，在弹出的快捷菜单中选择"设置默认文本框"选项，以后再绘制的文本框就是设置好的样式了。

方法 2：设置好文本框后，按住 Ctrl 键，并拖动文本框即可复制。按 Ctrl+Shift 组合键拖动则可在水平或垂直位置复制一个相同的文本框。

（4）文本框内容显示不全

当文本框中的内容显示不全时，绝大多数人会使用鼠标拖动文本框四周的控制点来调整文本框大小，使用下面这个方法更智能。

选中文本框，右击，在弹出的快捷菜单中选择"设置形状格式"选项，在弹出的"设置形状格式"窗格中的"文本框"选项组中选中"根据文字调整形状大小"复选框。取消选中"形状中的文字自动换行"复选框即可，如图 3-21 所示。

（5）批量删除文本框

如果想要删除文档中的所有文本框，许多人会一个个地选择，然后按 Delete 键删除，这种方法非常没有效率。可以使用以下方法一键全部删除。

先选择一个文本框，单击"开始"选项卡"编辑"选项组中的"选择"下拉按钮，在弹出的下拉列表中选择"选择窗格"选项，在弹出的"选择"窗格中，使用 Ctrl 键选择全部文本框，再按 Delete 键即可一键全部删除文本框。

图 3-21 文本框内容显示不全的设置更改

2. 艺术字

在一些特殊的 Word 文档中，如公司简介、产品介绍和宣传手册等文档中，艺术字被广泛应用于文档标题和重点内容，可使文本醒目、美观。

在 Word 中我们不仅可以根据需要添加艺术字，还可以对艺术字的文本效果进行详细设置，以呈现出不同的效果。

（1）插入艺术字

Word 2019 中为用户提供了 15 种艺术字样式，大家可以根据情况选择需要的艺术字样式插入使用，方法非常简单。

单击"插入"选项卡"文本"选项组中的"艺术字"下拉按钮，在弹出的下拉列表中选择一种预置的艺术字样式，如图 3-22 所示。

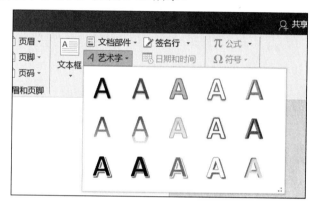

图 3-22　选择艺术字样式

在光标处插入艺术字的范本，如图 3-23 所示。在艺术字范本文本框中输入新内容替换原有的范本内容，即可插入需要的艺术字。

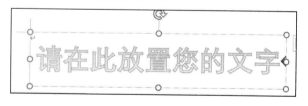

图 3-23　艺术字范本

（2）编辑艺术字

插入艺术字之后，若对艺术字的效果不满意，可以随时更改艺术字样式，如字体的填充颜色、阴影、映像、发光、棱台、转换等效果。

1）更改艺术字效果。单击艺术字边框以选中整个艺术字，在新出现的"绘图工具-格式"选项卡中，单击"艺术字样式"选项组中的"其他"按钮，如图 3-24 所示，在弹出的下拉列表中可重新选择一种艺术字样式进行更改。

单击"文本轮廓"下拉按钮，在弹出的下拉列表中可设置艺术字轮廓线的粗细及线型，如图 3-25 所示。

2）设置艺术字效果。单击"文字效果"下拉按钮，在弹出的下拉列表中可为艺术字设置各种效果，如这里选择"发光"选项，在弹出的子菜单中可选择一种发光样式作为艺术字的效果，如图3-26所示。

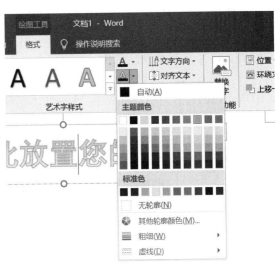

图3-24　更改艺术字效果　　　　　　　　图3-25　设置艺术字轮廓线

图3-26　设置发光效果

除此之外，在 Word 中还可以设置许多艺术字样式和效果。例如，艺术字的填充颜色、阴影、转换等效果，其设置方法与上述操作方法类似，只需选择插入的艺术字，在"艺术字样式"选项组中单击相应的下拉按钮，在弹出的下拉列表中进行设置即可。

3.2.2　插入图片与形状

1. 插入图片

绘制线条

图片可以来源于已保存在此设备上的图片文件，也可以是联机图片。

插入本地图片：先将光标定位在要插入图片的位置，单击"插入"选项卡"插图"选项组中的"图片"按钮，在弹出的下拉列表中选择"此设备"选项，在弹出的"插入图片"对话框中选择相应的图片位置，选择相应的图片，单击"插入"按钮。

将某些图片处理编辑软件中的部分或全部图片剪切或复制下来后，在 Word 文档中使用"粘贴"命令，同样可以插入图片。

插入联机图片：在"插入图片来自"下拉列表中选择"联机图片"选项，在弹出的"联机图片"对话框中选择相应的图片名或直接在搜索框中输入相应的图片名，再在出现的界面中选择相应的图片，单击"插入"按钮，如图 3-27 所示。

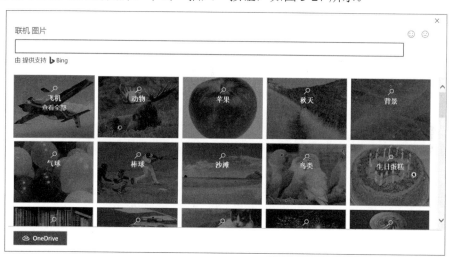

图 3-27　插入联机图片

2. 插入形状

形状在文档中的使用

在 Word 文档中可插入类型非常丰富的形状，包括线条、矩形、基本形状（如圆形、多边形、星形、括号、笑脸等图形）、箭头总汇、公式形状、流程图、星与旗帜、标注等。

（1）直接插入形状

单击"插入"选项卡"插图"选项组中的"形状"下拉按钮，在弹出的下拉列表中选择需要插入的形状，如图 3-28 所示，然后在需要绘制的地方单击即可。

（2）在形状中插入文字

在 Word 中插入形状之后，还可以将其作为文本框使用，即在形状中添加文字。

操作方法：插入形状，在形状上右击，在弹出的快捷菜单中选择"添加文字"选项，此时，光标会显示在形状中，输入需要添加的文本内容即可。

（3）设置形状格式

选择形状，右击，在弹出的快捷菜单中选择"设置形状格式"选项，弹出"设置形状格式"窗格，有"填充与线条""效果""布局属性" 3 个选项卡。选择相应的选项卡后，可单击下面的选项展开按钮，再进行具体的设置，如图 3-29 所示。

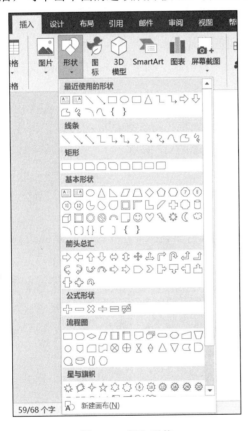

图 3-28　插入形状

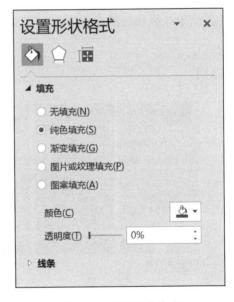

图 3-29　设置形状格式

3.2.3　设置图片格式

选择图片对象，图片四周出现 8 个控点。选择图片的同时功能区出现"图片工具-格式"选项卡，如图 3-30 所示。

图 3-30　"图片工具-格式"选项卡

该选项卡提供了丰富的图片格式设置命令,可在各选项组中单击相应的按钮进行图片样式、柔化、改变大小、裁剪等设置。例如,可以在"调整"选项组中单击"颜色"下拉按钮,在弹出的下拉列表中可以进行色调、重新着色、设置透明色等设置,如图 3-31 所示。

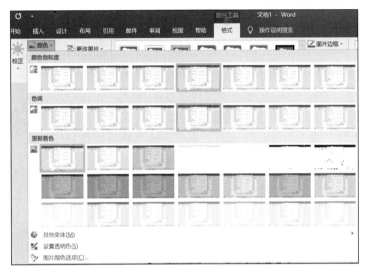

对图片进行简单的处理

图 3-31　设置图片颜色

也可以右击图片,在弹出的快捷菜单中选择"设置图片格式"选项,弹出"设置图片格式"窗格。其中有"填充与线条""效果""布局属性""图片"4 个选项卡。例如,选择"效果"选项卡,在其中可进行阴影、发光、柔化边缘、艺术效果等设置,如图 3-32 所示。

右击图片,在弹出的快捷菜单中选择"大小和位置"选项,在弹出的"布局"对话框中进行位置、大小、文字环绕方式等设置。例如,选择"文字环绕"选项卡,如图 3-33 所示。

图 3-32　设置图片格式

图 3-33　设置图片布局

文字环绕方式主要包括以下几种。

1）嵌入型：将图片当作文本中的一个普通字符来对待，图片将跟随文本的变动而变动。

2）四周型：文字在图片方形边界框四周环绕。

3）紧密型：文字紧密环绕在实际图片的边缘，文字按实际的环绕顶点环绕图片，而不是环绕于图片边界。

4）穿越型：文字沿着图片的环绕顶点环绕图片，且穿越凹进去的图形区域。

5）上下型：文字位于图片的上、下侧，图片和文字泾渭分明。

6）衬于文字下方：图片就像背景出现在文字下面。

7）浮于文字上方：文字位于图片的下方，图片覆盖了文字。

在 Word 文档中插入图片、形状、艺术字、文本框后都可以设置文字环绕方式。

3.2.4　任务——制作"大国工匠"海报

设置页面背景

1. 任务描述

有一群劳动者，他们的成功之路不是上有名高中、进知名大学，而是追求职业技能的完美和极致，靠着传承和钻研，凭着专注和坚守。他们技艺精湛，有人能在牛皮纸一样薄的钢板上焊接而不出现一丝漏点，有人能把密封精度控制到头发丝的五十分之一，还有人检测手感堪比 X 光那般精准，令人叹服。他们用劳动者的手缔造了一个个"中国制造"神话。在喧嚣中，他们固执地坚守着内心的宁静，凭着一颗耐得住寂寞的匠心，创新传统技艺，传承工匠精神。本任务要求制作一幅"大国工匠"海报，样本如图 3-34 所示。

图 3-34　海报样本

2. 任务分析

完成本任务首先要进行图片的插入，然后对图片进行一定的编辑修改，如设置图片大小、样式、版式等，最后按要求对文本框和艺术字进行相应的格式设置，从而学会制作宣传海报、个人名片、产品介绍等图文混排文档。要完成本任务，需要进行如下操作：

1）设置纸张方向为横向，页边距。

2）设置页面背景图片。

3）插入图片。

4）调整图片版式、大小和位置。

5）设置图片样式。

6）细调图片位置。

7）插入艺术字并设置

8）插入文本框并设置。

3. 任务实现

步骤 1：新建 Word 文档，命名为"大国工匠海报.docx"。选择"布局"选项卡，单击"页面设置"选项组右下角的对话框启动器，弹出"页面设置"对话框。设置页面纸张方向为"横向"，设置上、下页边距都为 0.51cm。

步骤 2：选择"设计"选项卡，在"页面背景"选项组中单击"页面颜色"下拉按钮，在弹出的下拉列表中选择"填充效果"选项。在弹出"填充效果"对话框中，选择"图片"选项卡，单击"选择图片"按钮，如图 3-35 所示。在弹出的"插入图片"对话框中的素材文件夹中找到"背景.jpg"，然后单击"插入"按钮即可。

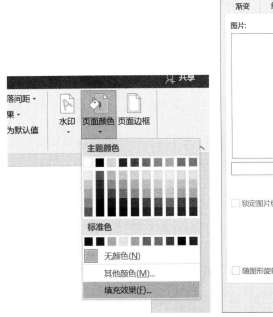

图 3-35　设置背景图片

步骤 3：选择"插入"选项卡，在"插图"选项组中单击"图片"下拉按钮，在弹出的下拉列表中选择"此设备"选项，在弹出的"插入图片"对话框中的素材文件夹中找到"人 1.jpg""人 2.jpg""人 3.jpg""人 4.jpg""手 1.jpg""手 2.jpg""字.jpg"，然后单击"插入"按钮。

步骤 4：选中图片"人 1.jpg"，右击，在弹出的快捷菜单中选择"大小和位置"选项，在弹出的"布局"对话框中，选择"文字环绕"选项卡，设置文字环绕为"浮于文字上方"；选择"大小"选项卡，设置宽度、高度为"40%"，如图 3-36 所示，单击"确定"按钮关闭对话框。同样，设置图片"人 2.jpg""人 3.jpg""人 4.jpg""手 1.jpg""手 2.jpg"宽度、高度均为"40%"，文字环绕方式为"浮于文字上方"；设置图片的文字环绕方式为"浮于文字上方"。将图片"人 1.jpg""人 2.jpg""人 3.jpg""人 4.jpg"拖动至左上角合适位置；将图片"手 1.jpg""手 2.jpg"拖动至右下角合适位置；将图片"字.jpg"拖动至左下角合适位置。

图 3-36　设置图片大小和环绕方式

步骤 5：选中图片"人 1.jpg"和"人 2.jpg"，选择"图片工具-格式"选项卡，在"图片样式"选项组中选择"旋转，白色"样式。同样，设置图片"人 3.jpg"和"人 4.jpg"的图片格式为"棱台左透视，白色"样式；设置图片"字 1.jpg"的图片格式为"棱台形椭圆，黑色"样式；设置图片"字 2.jpg"的图片格式为"棱台透视"样式。

步骤 6：选中图片"人 1.jpg"和"人 3.jpg"，在"排列"选项组中单击"对齐"下拉按钮，在弹出的下拉列表中选择"顶端对齐"选项，如图 3-37 所示。同理，设置图片"人 2.jpg"和"人 4.jpg"的对齐方式为"顶端对齐"；设置图片"手 1.jpg"和"手 2.jpg"的对齐方式为"左对齐"。

步骤 7：插入艺术字，选择样式"填充：橙色，主题色 2；边框：橙色，主题色 2"，在新出现的艺术字文本框中输入文本"大国工匠"，按 Enter 键继续输入文本"匠心筑梦"。选中艺术字文字，在"绘图工具-格式"选项卡的"艺术字样式"选项组中，单击"文本填充"下拉按钮，在弹出的下拉列表中设置颜色为"橙色，个性色 2，深色 25%"；单击"文字效果"下拉按钮，在弹出的下拉列表中选择"转换"→"双波形：下上"选项，如图 3-38 所示。拖动至右上角区域，并且显示为两行。

步骤 8：选择"插入"选项卡，在"文本"选项组中单击"文本框"下拉按钮，在弹出的下拉列表中选择"简单文本框"选项。在文本框提示文字处输入"追求职业技能的完美和极致"，拖动到文档正下方。选中文字，右击，在弹出的快捷菜单中选择"字体"选项，设置字体颜色为"橙色，个性色 2，深色 25%"。选中文本框，右击，在弹出的快捷菜单中选择"设置形状格式"选项，在弹出的"设置形状格式"窗格中的"形状选项"下的"填充与线条"中，设置渐变填充为"顶部聚光灯-个性色 2"，如图 3-39 所示。选择"绘图工具-格式"选项卡，单击"形状样式"选项组中的"形状轮廓"下拉按钮，在弹出的下拉列表中选择"虚线"→"长划线-点-点"选项，如图 3-40 所示。

图 3-37　设置图片的对齐方式

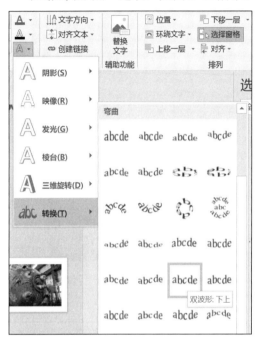

图 3-38　设置艺术字转换

图 3-39　设置文本框的形状格式

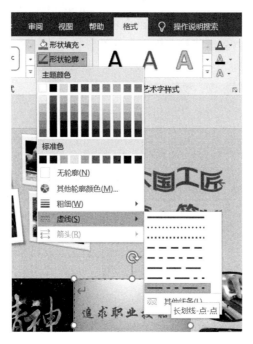

图 3-40　设置文本框的形状轮廓

小技巧

改变图片形状

　　要对一个图片进行不规则的编辑，可以先利用自选图形绘制出该图片外形，然后设置形状填充为该图片。

3.2.5　拓展训练

　　制作小区开盘活动宣传海报，对文档"拓展训练——小区开盘活动宣传海报.docx"进行编辑排版，具体排版要求如下：

　　1）将"注：以上部分图片来源于网络，广告为要约邀请仅作展示之用，最终权利义务以双方签订的《商品房买卖合同》为准。"剪切至页脚。

　　2）标题文字：字体为微软雅黑，字号为小二号，字形加粗；段前、段后各 1 行，行距为 2 倍，对齐方式为居中对齐。

　　3）设置其余字体为微软雅黑，字号为小四号，设置文字效果为"蓝色，5pt 发光，强调文字颜色 1"。

　　4）在标题下方插入图片"kp1.jpg"，设置大小为 200%，文字环绕为"嵌入型"；将光标定位于"建面约 143m^2 大四房火爆认筹"之前，插入图片"kp2.jpg"，设置大小为 200%，文字环绕为"嵌入型"。

　　5）在图片"kp1.jpg"右侧插入图片"kp3.jpg"，文字环绕为"四周型"，样式为"剪裁对角线，白色"；在图片"kp2.jpg"右侧插入图片"kp4.jpg"，文字环绕为"四周型"，样式为"矩形投影"。

6）在下方依次插入图片"01.jpg""02.jpg""03.jpg"，文字环绕都为"四周型"，样式为"棱台形椭圆，黑色"，拖放至合适位置。

最终样文如图 3-41 所示。

图 3-41 小区开盘活动宣传海报样本

小区开盘宣传海报

3.3 表 格

 学习目标

- 掌握表格的插入及表格内容的添加方法。
- 掌握表格单元格的拆分与合并方法。
- 掌握表格格式的设置方法。
- 掌握表格的排序与计算方法。

活用数据图表

3.3.1 创建表格

1. 创建一个规则表格

可将光标定位在待插入表格处，单击"插入"选项卡"表格"选项组中的"表格"下拉按钮，在弹出的下拉列表中选择"插入表格"

表格的创建
与结构调整

选项，在弹出的"插入表格"对话框中，进行表格列数和行数等的设置。

如果要创建的表格比较小时，可将光标定位在待插入表格处，单击"表格"选项组中的"表格"下拉按钮，在弹出的下拉列表中向右下方拖动鼠标指针，系统会显示选定的行和列，当行、列数符合要求时，单击即可。

2. 创建不规则的表格

可以先设计一个规则表格，然后在其基础上拆分或合并单元格、设置边框和添加斜线等。

3.3.2　编辑表格

创建表格之后，根据实际工作需要对表格进行调整，如插入行、列，合并或拆分单元格，调整行高、列宽、设置表格样式等。

表格的美化

（1）选择表格、行、列或单元格

选择的基本方法是按住左键拖动。其他选定方法有：在一行的左边线上或一列的上边线上单击，可以选中一行或一列，将鼠标指针移到表格左上角，在出现的标志⊞上单击，即可选中整个表格。

（2）插入单元格、行或列

将光标定位在相应位置，单击"表格工具-布局"选项卡"行和列"选项组中相应的按钮，如图 3-42 所示；或右击，在弹出的快捷菜单中选择"插入"子菜单中相应的选项即可。

图 3-42　"表格工具-布局"选项卡

（3）删除单元格、行或列

选择待删除的单元格，单击"表格工具-布局"选项卡"行和列"选项组中的"删除"下拉按钮，在弹出的下拉列表中选择相应的选项；或右击，在弹出的快捷菜单中选择"删除单元格"选项，在弹出的"删除单元格"对话框中选择相应的选项，即可完成删除单元格、行或列的操作。

（4）合并与拆分单元格

合并单元格是指将选中的相邻多个单元格合并为一个单元格。选中相应的单元格，单击"表格工具-布局"选项卡"合并"选项组中的"合并单元格"按钮；或选中相应的单元格，右击，在弹出的快捷菜单中选择"合并单元格"选项。

拆分单元格是指将一个或多个单元格拆分为若干部分。选定待拆分的单元格，单击"表格工具-布局"选项卡"合并"选项组中的"拆分单元格"按钮，在弹出的"拆分单元格"对话框中，进行列数和行数等的设置；或右击，在弹出的快捷菜单中选择"拆分单元格"选项,弹出"拆分单元格"对话框,输入所要拆分的列数及行数,单击"确定"按钮后系统自动完成拆分。

(5) 拆分表格

将光标置于将要作为第 2 个表的第 1 行上,单击"表格工具-布局"选项卡"合并"选项组中的"拆分表格"按钮,即可将表格一分为二。

(6) 设置行高、列宽

在处理表格时,经常需要根据单元格放置的内容(字符、数字或图形)来调整表格行的高度和列的宽度。设置行高、列宽有两种方法。

1)使用拖动鼠标的方法调整行高及列宽:将鼠标指针放在待调整行高的行底边线上,当鼠标指针的形状变为指向上下的双向箭头时,沿垂直方向拖动即可调整行高。

将鼠标指针放在待调整列宽的列右边线上,当鼠标指针的形状变为指向左右的双向箭头时,沿水平方向拖动即可调整列宽。

2)菜单命令:右击需要调整行高或列宽的表格,在弹出的快捷菜单中选择"表格属性"选项,弹出"表格属性"对话框,在"行"或"列"选项卡中,可分别对行高及列宽进行精确的设置。

(7) 自动调整

有时需要根据内容自动调整表格或根据窗口自动调整表格。单击"表格工具-布局"选项卡"单元格大小"选项组中的"自动调整"下拉按钮,在弹出的下拉列表中选择相应的选项即可。

(8) 表格样式

表格编辑好后,可以进行表格样式的更改。将光标定位在表格中后,Word 2019 会出现"表格工具-设计"选项卡,如图 3-43 所示。可以在"表格样式"选项组中选择某种表格样式,如网格表 2。

图 3-43 "表格工具-设计"选项卡

(9) 边框和底纹

选中表格或相应的行列或单元格,右击,在弹出的快捷菜单中选择"边框和底纹"选项,弹出"边框和底纹"对话框。

在"边框和底纹"对话框中选择"边框"选项卡,选择一种边框样式,再分别选择线型、边框颜色、边框线的宽度等。在"预览"选项组中,单击不同的按钮,可以在需要的位置上添加或取消边框。在"应用于"下拉列表中选择所设边框的应用范围。如果要取消原先设置的边框,在边框类型中选择"无"选项即可取消。

在"边框和底纹"对话框中选择"底纹"选项卡,再分别选择底纹填充色、图案样式、颜色,在"应用于"下拉列表中选择所设底纹的应用范围,最后单击"确定"按钮即可。如果要取消原已设置的底纹，在填充色选项中选择"无"选项即可取消。

小技巧

在 Word 中实现表格标题行重复

当 Word 的表格较大而跨页时，让表格每页都重复显示表头标题行是非常有必要的。在 Word 2019 中，选择需要重复的表头标题行，然后在"表格工具-布局"选项卡"数据"选项组中，单击"重复标题行"按钮即可实现表格跨页时自动重复标题行。

巧用 Alt 键

在拖动调整表格行高、列宽时，按住 Alt 键可以显示精确间距。

3.3.3 表格的排序与计算

Word 提供了对表格中数据的计算功能。先选择要进行计算的单元格，单击"表格工具-布局"选项卡"数据"选项组中的"公式"按钮，弹出"公式"对话框，如图 3-44 所示。可以从"粘贴函数"下拉列表中选择系统提供的常用函数，被选函数将出现在"公式"文本框中，也可以在"公式"文本框中直接输入计算公式，在"编号格式"下拉列表中选择计算结果的显示格式，然后单击"确定"按钮，计算结果就会显示在所选单元格中。当表格中的数据发生变化时，可以选中计算结果，右击，在弹出的快捷菜单中选择"更新域"选项，显示的计算结果便会自动更新。

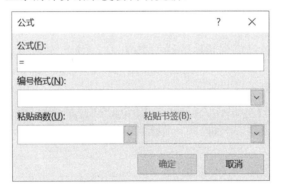

表格公式的使用

图 3-44 "公式"对话框

Word 还具有对表格中的数据进行排序的功能。将光标置于待排序的表格中，单击"表格工具-布局"选项卡"数据"选项组中的"排序"按钮，弹出"排序"对话框，如图 3-45 所示。在排序依据下拉列表中选择排序依据的字段名（关键字），排序依据最多可选择 3 个，并在右侧的"类型"下拉列表中选择该字段名的类型（笔划、数字、日期或拼音），再选择"升序"或"降序"选项确定排序的方向，然后单击"确定"按钮，表格中的数据将重新排列。还可以选择设置"有标题行"或"无标题行"。

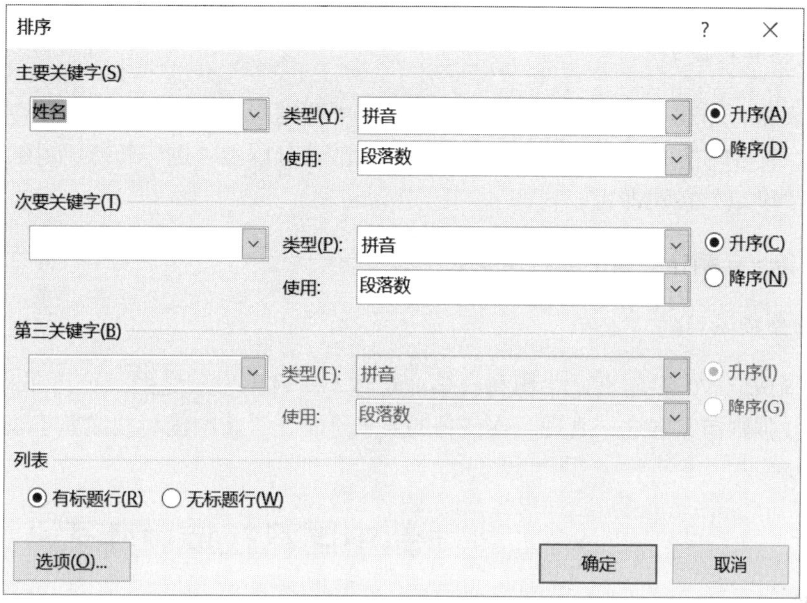

排序

主要关键字(S)

姓名	类型(Y):	拼音	◉ 升序(A)
	使用:	段落数	○ 降序(D)

次要关键字(T)

	类型(P):	拼音	◉ 升序(C)
	使用:	段落数	○ 降序(N)

第三关键字(B)

	类型(E):	拼音	◉ 升序(I)
	使用:	段落数	○ 降序(G)

列表

◉ 有标题行(R) ○ 无标题行(W)

选项(O)...　　　　　　　　确定　　取消

图 3-45　"排序"对话框

3.3.4　文本和表格的相互转换

文本与表格相互转换

1. 文本转换成表格

选中文本内容，单击"插入"选项卡"表格"选项组中的"表格"下拉按钮，在弹出的下拉列表中选择"文本转换成表格"选项，在弹出的"将文字转换成表格"对话框中，进行"自动调整"等设置，如图 3-46 所示。

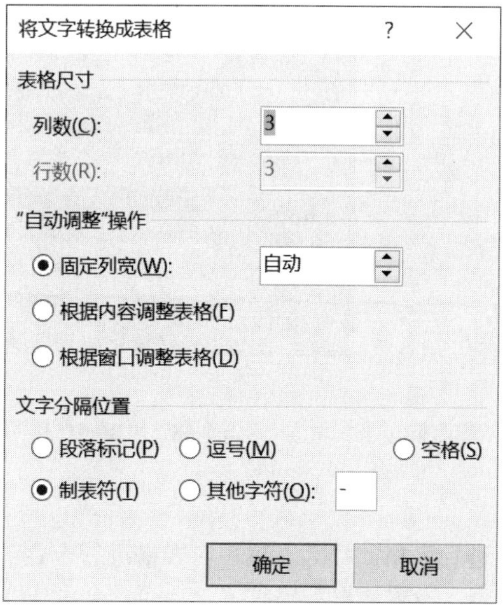

将文字转换成表格

表格尺寸

列数(C):　3

行数(R):　3

"自动调整"操作

◉ 固定列宽(W):　自动

○ 根据内容调整表格(F)

○ 根据窗口调整表格(D)

文字分隔位置

○ 段落标记(P)　○ 逗号(M)　　○ 空格(S)

◉ 制表符(T)　○ 其他字符(O):　-

确定　　取消

图 3-46　文本转换成表格

2．表格转换成文本

选中表格，单击"表格工具-布局"选项卡"数据"选项组中的"转换为文本"按钮，弹出"表格转换成文本"对话框，一般选择默认分隔符"制表符"，如图 3-47 所示，然后单击"确定"按钮即可。

3.3.5　任务——制作"新中国科技成就年表"

1．任务描述

新中国成立 70 多年来，中国科技事业走过不平凡的发展之路，印证了科技兴则民族兴、科技强则国家强这一真理。本任务的要求是制作"新中国科技成就年表"，样本如图 3-48 所示。

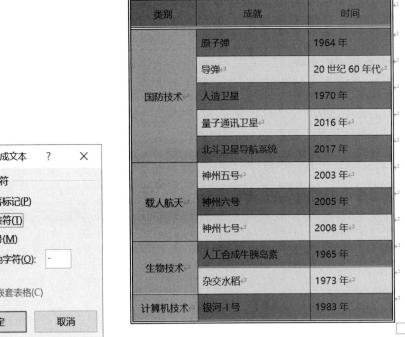

图 3-47　表格转换成文本　　　　图 3-48　新中国科技成就年表样本

2．任务分析

完成本任务首先要进行表格的插入，然后对表格进行一定的编辑修改，如拆分、合并单元格，输入文本内容，设置边框和底纹等，从而学会制作学生成绩单、档案表等表格排版。

要完成本任务，需要进行如下操作：

1）新建一个空白 Word 文档，命名为"新中国科技成就年表.docx"，输入标题"新中国科技成就年表"，设置标题字体为黑体、一号。

2）创建一个 12 行 3 列的表格，设置列宽分别为 3cm、5cm、3.7cm。

3）进行一系列的合并单元格操作。

4）在表格中输入文字。在第 1 行中输入"类别""成就""时间"，其他内容参见图 3-48。

5）设置表格的第 1 行和第 1 列单元格对齐方式为中部居中，其余单元格对齐方式为中部左对齐。

6）设置表格中的字体为微软雅黑，小四。

7）表格外边框设置为 1.5 磅双线，第 1 行下边框线为 1.5 磅红色双线。

8）设置表格的第 1 行底纹为"蓝色，个性色 1"；第 2 行起第 1 列底纹为"蓝色，个性色 1，淡色 40%"；第 2、4、6、8、10、12 行的第 2、3 列底纹为"绿色，个性色 6，深色 25%"；第 3、5、7、9、11 行的第 2、3 列底纹为"金色，个性色 4，淡色 40%"。

3．任务实现

步骤 1：新建一个空白 Word 文档，命名为"新中国科技成就年表.docx"，输入文字"新中国科技成就年表"，设置字体为黑体，一号。

步骤 2：单击"插入"选项卡"表格"选项组中的"表格"下拉按钮，在弹出的下拉列表中选择"插入表格"选项，在弹出的"插入表格"对话框中输入 12 行 3 列，然后单击"确定"按钮。右击表格，在弹出的快捷菜单中选择"表格属性"选项，在弹出的"表格属性"对话框中，选择"列"选项卡，设置第 1 列列宽为 3cm，单击"后一列"按钮，设置第 2 列、第 3 列的列宽分别为 5cm、3.7cm，然后单击"确定"按钮，如图 3-49 所示。

步骤 3：选中第 1 列的第 2 行至第 6 行，右击，在弹出的快捷菜单中选择"合并单元格"选项。同理，合并第 1 列的 7 至 9 行，合并第 1 列的 10 至 11 行。

步骤 4：在第 1 行中输入"类别""成就""时间"。在第 1 列第 2 行起输入"国防技术""载人航天""生物技术""计算机技术"，在第 2 列第 2 行起输入…，按照图 3-48 输入完整的内容。

步骤 5：选中表格的第 1 行和第 1 列单元格，单击"表格工具-布局"选项卡"对齐方式"选项组中的"中部居中"按钮，如图 3-50 所示。同理，选中其余单元格，设置对齐方式为中部左对齐。

图 3-49　设置表格列宽

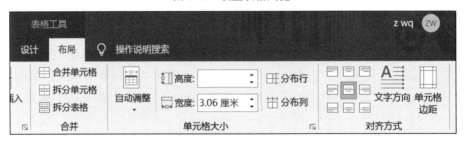

单元格的色彩

设置表格框线

图 3-50　设置单元格对齐方式

步骤 6：选中表格文字，选择"开始"选项卡，在"字体"选项组中设置字体为微软雅黑，小四。

步骤 7：选中表格，右击，在弹出的快捷菜单中选择"表格属性"选项，在弹出的"表格属性"对话框中单击"边框和底纹"按钮。在弹出的"边框和底纹"对话框中选择"边框"选项卡，在"设置"选项组中选择"自定义"选项；在"样式"选项组中选择双线；在"宽度"下拉列表中选择 1.5 磅；在右侧"预览"选项组中单击上、下、左、右 4 条框线，如图 3-51 所示，然后依次单击"确定"按钮。

选中第 1 行单元格，右击，在弹出的快捷菜单中选择"表格属性"选项，在弹出的"表格属性"对话框中单击"边框和底纹"按钮。在弹出的"边框和底纹"对话框中选择"边框"选项卡，在"颜色"下拉列表中选择红色，在右侧"预览"选项组中单击下框线，如图 3-52 所示，然后依次单击"确定"按钮。

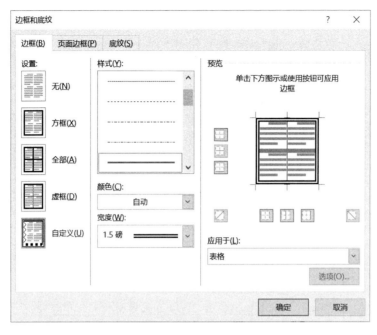

图 3-51　设置表格边框

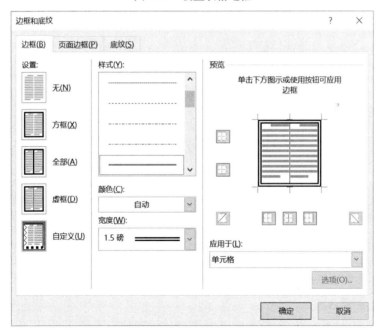

图 3-52　设置第 1 行的下框线

　　步骤 8：选中表格的第 1 行，右击，在弹出的快捷菜单中选择"表格属性"选项，在弹出的"表格属性"对话框中单击"边框和底纹"按钮。在弹出的"边框和底纹"对话框中选择"底纹"选项卡，设置填充色为"蓝色，个性色 1"，如图 3-53 所示。同理，设置第 2 行起第 1 列底纹为"蓝色，个性色 1，淡色 40%"；第 2、4、6、8、10、12 行的第 2、3 列底纹为"绿色，个性色 6，深色 25%"；第 3、5、7、9、11 行的第 2、3 列底纹为"金色，个性色 4，淡色 40%"。

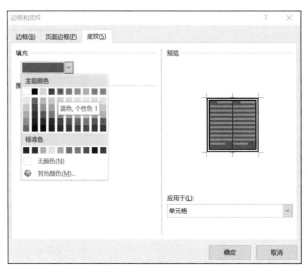

图 3-53　设置底纹

3.3.6　拓展训练

制作学生成绩单，并进行如下操作：

1）新建一个空白 Word 文档，命名为"学生成绩单.docx"。

2）对文档进行编辑排版，最终样文如图 3-54 所示。

附：**大学成绩单**

科目 成绩	计算机	高等数学	大学英语	体育	思想政治	总分
第三学年	88	78	82	83	89	420
第二学年	96	86	78	90	80	430
第一学年	90	89	78	85	78	420
平均分	91.33	84.33	79.33	86	82.33	

图 3-54　学生成绩单样本

具体排版要求如下：

① 输入标题"附：大学成绩单"，设置字体为黑体，五号。

② 插入一个 5 行 7 列的表格。

③ 对表格左上角的第一个单元格，添加左上右下的斜线，斜线以上为"科目"，斜线以下为"成绩"。

④ 在第 1 行后面的几个单元格中依次输入：计算机、高等数学、大学英语、体育、思想政治、总分。

⑤ 在第 2 行中依次输入第三学年、88、78、82、83、89；在第 3 行中依次输入第

二学年、96、86、78、90、80；在第 4 行中依次输入第一学年、90、89、78、85、78。

⑥ 利用 SUM 函数计算总分列。提示：输入公式"=SUM(left)"。

⑦ 在第 5 行第一个单元格中输入"平均分"，利用 AVERAGE 函数计算各科平均分。提示：输入公式"=AVERAGE(above)"。

⑧ 选中前 4 行数据，即不包括平均分行，按"科目"笔画降序排序。

⑨ 选中第 1 列和第 1 行的全部单元格，设置背景色为"白色，背景 1，深色 5%"。

3.4　长文档排版

 学习目标

- 掌握样式的修改与使用方法。
- 掌握分节符的使用方法。
- 掌握题注的插入方法。
- 了解特殊页眉页脚的设置方法。
- 掌握封面的插入方法。
- 掌握自动目录的插入方法。

3.4.1　插入封面、目录

在 Word 2019 中，单击"插入"选项卡"页面"选项组中的"封面"下拉按钮，在弹出的"封面"下拉列表中选择一款合适的封面样式，即可在 Word 文档的最前面插入相应的封面页。

单击"引用"选项卡"目录"选项组中的"目录"下拉按钮，在弹出的下拉列表中即可选择目录模式。若手动插入目录，则需要手动输入目录内容，而自动目录则可以自动生成目录。

3.4.2　应用样式

Office 的样式是用有意义的名称保存的字符格式和段落格式的集合，这样在编排重复格式时，先创建一个该格式的样式，然后在需要的地方应用这种样式，系统会自动完成该样式中所包含的所有格式的设置工作，可以大大提高排版的工作效率。

应用样式美化文档

样式通常有字符样式、段落样式、表格样式和列表样式等类型。Word 允许用户自定义上述类型的样式。同时还提供了多种内建样式，如标题 1～标题 3、正文等。Word 快速样式库中只列出了其中的一部分样式，如果需要显示所有的样式，可以在"开始"选项卡的"样式"选项组中单击显示样式窗格按钮，在弹出的"样式"窗格中，单击"选项"按钮进行设置。

样式的应用很简单，只要选中需要应用样式的段落或文本块，然后在样式列表中选择需要应用的样式即可。

3.4.3　页眉页脚

页眉和页脚一般出现在文档的顶部或底部，在其中可以插入页码、文件名或章节名称等内容。当一篇文档创建了页眉和页脚后，就会感到版面更加新颖，版式更具风格。

1．插入页眉和页脚

单击"插入"选项卡"页眉和页脚"选项组中的"页眉"下拉按钮，在弹出的下拉列表中选择"编辑页眉"选项，进入页眉编辑状态，若要编辑页脚，单击"页眉和页脚工具-设计"选项卡"导航"选项组中的"转至页脚"按钮或直接将光标移至页脚处编辑即可。编辑完毕后，单击"页眉和页脚工具-设计"选项卡"关闭"选项组中的"关闭页眉和页脚"按钮回到文档的编辑状态，如图 3-55 所示。

图 3-55　"页眉和页脚工具-设计"选项卡

（1）"选项"选项组

奇偶页不同：选中此复选框，可设置奇偶页不同的页眉和页脚。

首页不同：可将首页和后面其他页的页眉和页脚区分开。

（2）"导航"选项组中的"链接到前一条页眉"按钮

复杂页码的设置

默认情况下，上下两节的页眉和页脚相同。如需设置不同的页眉和页脚，在设置下一节的页眉和页脚时，应先单击此按钮，再进行其他编辑。

2．删除页眉和页脚

1）单击"插入"选项卡"页眉和页脚"选项组中的"页眉"/"页脚"下拉按钮，在弹出的下拉列表中选择"删除页眉"/"删除页脚"选项。这里只是删除了页眉，不包括页眉处的横线。

2）单击"插入"选项卡"页眉和页脚"选项组中的"页眉"/"页脚"下拉按钮，在弹出的下拉列表中选择"编辑页眉"/"编辑页脚"选项，进入页眉/页脚编辑状态，按 Delete 键删除所有内容。这里删除了页眉，且包括页眉处的横线。

注意：在奇偶页不同和首页不同的状态下，要对其中的奇偶页或首页、后面其他页分别进行删除才能删除所有的页眉和页脚。

3.4.4　分页和分节

文档中篇幅满了会自动分页。如需手动分页，单击"布局"选项卡"页面设置"选项组中的"分隔符"下拉按钮，在弹出的下拉列表中选择"分页符"中的"分页符"选项。

节是文档格式化的基本单位，可以单独设置格式。在一个文档中有需要编辑修饰的独立单元，应使用分节符分开。只有在不同的节中，才可以设置与前面文本不同的页边距、页眉和页脚等。添加分节符的方法：单击"布局"选项卡"页面设置"选项组中的"分隔符"下拉按钮，在弹出的下拉列表中选择"分节符"中的"下一页"选项（除分节外，还进行了分页）或"连续"选项等。

3.4.5　任务——"人工智能现状及发展趋势展望"长文档排版

1. 任务描述

本任务通过对长文档"人工智能现状及发展趋势展望"的排版，学习长文档的具体排版方法，从而学会制作学生手册、调研报告、毕业论文等长文档的排版。需要排版的长文档原文第 1 页如图 3-56 所示。

图 3-56　长文档原文第 1 页

2．任务分析

本任务需要首先打开长文档原文，在文档前插入封面，再对正文进行排版，然后生成目录。

要完成本任务，具体需要进行如下操作：

1）打开素材文件夹中的长文档原文文件"人工智能.docx"。

2）为文档添加封面，样式为"运动型"。

3）使用多级列表对章名、小节名进行自动编号，代替原始的编号。章名要求使用样式"标题1"，居中显示；编号格式为"第 X 章"（如第1章），其中 X 为自动排序。小节名要求使用样式"标题2"，左对齐显示；编号格式为"$X.Y$"，其中 X 为章数字序号，Y 为节数字序号（如1.1）。

4）新建样式，样式名为"样式123"。其中，包含的字体格式中文字体为楷体，西文字体为 Times New Roman，字号为小四；包含的段落格式为首行缩进2字符，段前0.5行，段后0.5行，行距1.5倍，两端对齐。其余格式为默认设置。

5）将新建的样式"样式123"应用到正文中的文字，不包括章名、小节名、表格中的文字、表和图的题注文字。

6）对正文中的图添加题注"图"，位于图下方。要求：编号为"章序号-图在章中的序号"（如第1章中的第2个图，题注编号为1-2），题注"图"的说明文字使用图下一行的文字，格式同编号。图及题注居中显示。

7）对正文中的表添加题注"表"，位于表上方。要求：编号为"章序号-表在章中的序号"（如第1章中的第1个表，题注编号为1-1），表的说明文字使用表上一行的文字，格式同编号。表及题注居中显示。

8）在正文前按序插入3页空白页，每页单独1节，使用"引用"中的目录功能，自动生成目录。

① 第1页：显示"目录"内容。其中，"目录"使用样式"标题1"，并居中；"目录"下为目录项。

② 第2页：显示"图索引"内容。其中，"图索引"使用样式"标题1"，并居中；"图索引"下为图索引项。

③ 第3页：显示"表索引"内容。其中，"表索引"使用样式"标题1"，并居中；"表索引"下为表索引项。

9）添加页脚，使用域插入页码，居中显示。要求：目录、图索引、表索引的页码采用"i，ii，iii，…"格式，页码连续；正文中的页码采用"1，2，3，…"格式，页码连续，页码从1开始。

10）通过添加分节符使正文中的每一章从新的一页开始显示，每章为单独1节。

11）更新目录。

3．任务实现

步骤1：打开原文文件。

在素材文件夹中找到文件"人工智能.docx"，双击它即可打开。

步骤 2：为文档添加封面。

单击"插入"选项卡"页面"选项组中的"封面"下拉按钮，在弹出的下拉列表中选择封面样式为"运动型"，如图 3-57 所示。

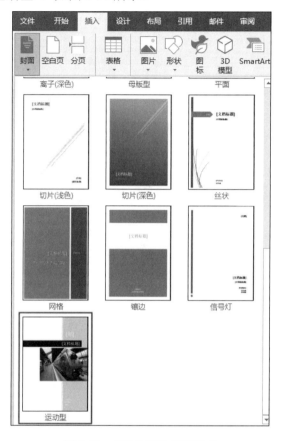

图 3-57 "运动型"封面样式

选中长文档标题文字"人工智能现状及发展趋势展望"，右击选中的文字，在弹出的快捷菜单中选择"剪切"选项。右击封面中的标题栏，在弹出的快捷菜单中选择"粘贴选项"中的"只保留文本"选项。

单击封面中的"[年]"，再单击"[年]"右侧的下拉按钮，然后在弹出的下拉列表中单击"今日"按钮。

单击封面右下角的"作者"名称，将名称改为"你的名字+排版"，如"王小明排版"；将"公司名称"改为你的班级名称，如"旅游 A1 班"。

最后封面效果如图 3-58 所示。

步骤 3：使用多级列表对章名、小节名进行自动编号。

将光标置于"1.1 人工智能概念"行中，单击"开始"选项卡"段落"选项组中的"多级列表"下拉按钮，在弹出的下拉列表中选择"定义新的多级列表"选项，弹出"定义新多级列表"对话框。

在"定义新多级列表"对话框中，选择级别"1"，在"输入编号的格式"文本框中，在默认的带灰色底纹的"1"之前和之后分别输入"第"和"章"；单击下方的"更多"
按钮（单击后按钮将显示为"更少"按钮）展开对话框，在"将级别链接到样式"下拉
列表中选择"标题 1"选项。选择级别"2"，在"将级别链接到样式"下拉列表中选择"标
题 2"选项，如图 3-59 所示，然后单击"确定"按钮。

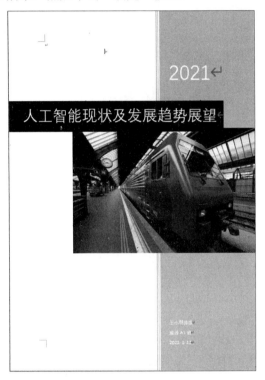

多级列表的使用

图 3-58　封面效果

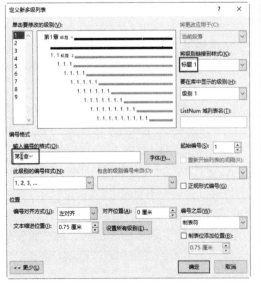

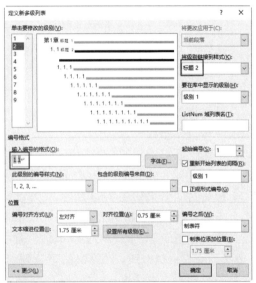

图 3-59　"定义新多级列表"对话框

在"开始"选项卡的"样式"选项组中，右击样式"标题 1"，在弹出的快捷菜单中选择"修改"选项。在弹出的"修改样式"对话框中，单击"居中"按钮，如图 3-60 所示，再单击"确定"按钮。使用类似的方法，右击样式"标题 2"，在弹出的快捷菜单中选择"修改"选项，设置段落为左对齐。

依次选中章名，选择样式"标题 1"应用此样式，并去除多余的章编号。

依次选中小节名，选择样式"标题 2"应用此样式，并去除多余的节编号。

应用样式"标题 1""标题 2"后的正文第 1 页效果如图 3-61 所示。

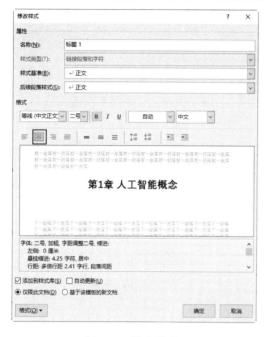

图 3-60　修改样式

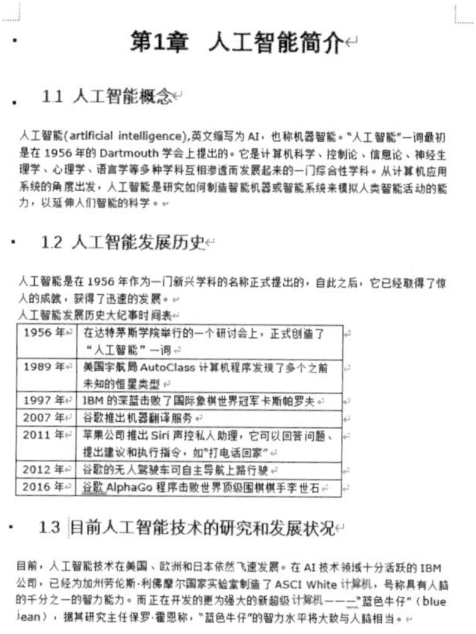

图 3-61　应用样式"标题 1""标题 2"后的正文
第 1 页效果

步骤 4：新建样式。

将光标置于不是章名、小节名的任意正文中，单击"开始"选项卡"样式"选项组右下角的对话框启动器，在弹出的"样式"窗格中单击"新建样式"按钮，如图 3-62 所示。

在弹出的"根据格式化创建新样式"对话框中，修改样式名为"样式 123"。单击"格式"下拉按钮，在弹出的下拉列表中选择"字体"选项；在弹出的"字体"对话框中设置字体格式，中文字体为楷体，西文字体为 Times New Roman，字号为小四。再单击"格式"下拉按钮，在弹出的下拉列表中选择"段落"选项；在弹出的"段落"对话框中设置段落格式，首行缩进 2 字符，段前 0.5 行，段后 0.5 行，行距 1.5 倍，两端对齐，如图 3-63 所示。

步骤 5：将样式"样式 123"应用到正文中的文字。

选中除章名、小节名、表格中的文字、表和图的题注文字外的文字内容，单击样式"样式 123"应用此样式。

应用样式"样式 123"后的正文第 2 页效果如图 3-64 所示。

图 3-62 "样式"窗格

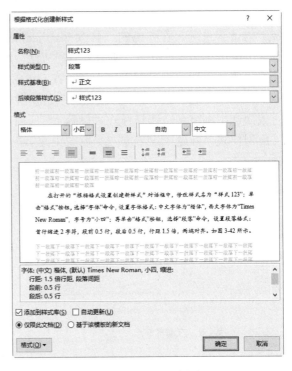

图 3-63 创建新样式

图 3-64 应用样式"样式 123"后的正文第 2 页效果

步骤 6：添加题注"图"。

右击第一张图片，在弹出的快捷菜单中选择"插入题注"选项，在弹出的"题注"对话框中，单击"新建标签"按钮。在弹出的"新建标签"对话框中，输入标签"图"，单击"确定"按钮。在"题注"对话框中，单击"编号"按钮。在弹出的"题注编号"对话框中，选中"包含章节号"复选框，单击"确定"按钮。此时的"题注"对话框如图 3-65 所示。将图下方的文字移动至"图"题注的右侧。选中图和题注，单击"开始"选项卡"段落"选项组中的"居中"按钮，第一张图片的题注效果如图 3-66 所示。

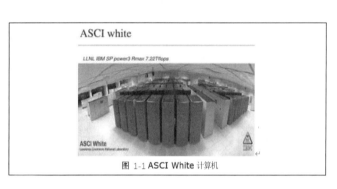

图 3-65　"题注"对话框　　　　　　　　　　图 3-66　第一张图片的题注效果

对于其他的图片，重复以上操作添加相应的题注即可，这里不再赘述。

步骤 7：添加题注"表"。

选中第一个表格，右击，在弹出的快捷菜单中选择"插入题注"选项。在弹出的"题注"对话框中，单击"新建标签"按钮。在弹出的"新建标签"对话框中，输入标签"表"，单击"确定"按钮。在"题注"对话框中，单击"编号"按钮。在弹出"题注编号"对话框中，选中"包含章节号"复选框，单击"确定"按钮。在"题注"对话框中，在"位置"下拉列表中选择"所选项目上方"选项，单击"确定"按钮。将表上方的文字移动至"表"题注的右侧。选中题注，单击"开始"选项卡"段落"选项组中的"居中"按钮。选中表，单击"开始"选项卡"段落"选项组中的"居中"按钮。第一个表的题注效果如图 3-67 所示。

表 1-1 人工智能发展历史大纪事时间表	
1956 年	在达特茅斯学院举行的一个研讨会上，正式创造了"人工智能"一词
1989 年	美国宇航局 AutoClass 计算机程序发现了多个之前未知的恒星类型
1997 年	IBM 的深蓝击败了国际象棋世界冠军卡斯帕罗夫
2007 年	谷歌推出机器翻译服务
2011 年	苹果公司推出 Siri 声控私人助理，它可以回答问题、提出建议和执行指令，如"打电话回家"
2012 年	谷歌的无人驾驶车可自主导航上路行驶
2016 年	谷歌 AlphaGo 程序击败世界顶级围棋棋手李世石

图 3-67　第一个表的题注效果

对于其他的表，重复以上操作添加相应的题注即可，这里不再赘述。

步骤 8：自动生成目录。

将光标定位于正文最前面，单击"布局"选项卡"页面设置"选项组中的"分隔符"下拉按钮，在弹出的下拉列表中选择"分节符"中的"下一页"选项。再执行 3 次"分节符"中的"下一页"命令。

在第 1 页空白页中，双击第 1 行的居中位置，在自动显示并选中"第 1 章"后，输入文字"目录"，按 Enter 键另起一行。单击"引用"选项卡"目录"选项组中的"目录"下拉按钮，在弹出的下拉列表中选择"自定义目录"选项。在弹出的"目录"对话框中，设置"显示级别"为 2，如图 3-68 所示，单击"确定"按钮。删除自动生成的目录中的第 1 行（即"目录"行），最后效果如图 3-69 所示。

图 3-68　"目录"对话框

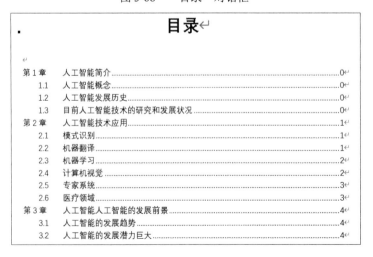

图 3-69　目录效果

在第 2 页空白页中，双击第 1 行的居中位置，在自动显示并选中"第 1 章"后，输入文字"图索引"，按 Enter 键另起一行。单击"引用"选项卡"题注"选项组中的"插入表目录"按钮。在弹出的"图表目录"对话框中，设置"题注标签"为"图"，如图 3-70 所示，单击"确定"按钮。自动生成的图索引目录效果如图 3-71 所示。

图 3-70　"图表目录"对话框

图索引↵

图 1-1 ASCI White 电脑 ....1↵
图 2-1 智能机器人 ....2↵
图 2-2 人脸识别 ....3↵

图 3-71　图索引目录效果

在第 3 页空白页中，双击第 1 行的居中位置，在自动显示并选中"第 1 章"后，输入文字"表索引"，按 Enter 键另起一行。单击"引用"选项卡"题注"选项组中的"插入表目录"按钮。在弹出的"图表目录"对话框中，设置"题注标签"为"表"，单击"确定"按钮。自动生成的表索引目录效果如图 3-72 所示。

表索引↵

表 1-1 人工智能发展历史大纪事时间表 ....0↵
表 2-1 人工智能在医疗领域应用的 5 个方面 ....4↵

图 3-72　表索引目录效果

步骤9：插入页码。

单击"插入"选项卡"页眉和页脚"选项组中的"页脚"下拉按钮，在弹出的下拉列表中选择"编辑页脚"选项。

将光标定位于"目录"页的页脚处，取消选中"页眉和页脚工具-设计"选项卡"选项"选项组中的"首页不同"复选框。单击"页眉和页脚工具-设计"选项卡"导航"选项组中的"链接到前一节"按钮，如图3-73所示。

在页眉中插入
章节标题

图3-73　"页眉和页脚工具-设计"选项卡

在"页眉和页脚工具-设计"选项卡的"页眉和页脚"选项组中，单击"页码"下拉按钮，在弹出的下拉列表中选择"页面底端"→"普通数字2"选项，则页脚中出现居中显示的页码。

选中插入的页码，单击"页码"下拉按钮，在弹出的下拉列表中选择"设置页码格式"选项，在弹出的"页码格式"对话框中，设置"编号格式"为"i，ii，iii…"，设置"起始页码"为"i"，单击"确定"按钮，如图3-74所示。

将光标定位于"图索引"页的页脚处，使用类似的方法插入页码。在"页码格式"对话框中，设置"编号格式"为"i，ii，iii…"，选中"续前节"单选按钮，单击"确定"按钮。

将光标定位于"表索引"页的页脚处，使用类似的方法插入页码。在"页码格式"对话框中，设置"编号格式"为"i，ii，iii…"，选中"续前节"单选按钮，单击"确定"按钮。

将光标定位于正文首页的页脚处，使用类似的方法插入页码。在"页码格式"对话框中，设置"编号格式"为"1，2，3…"，设置"起始页码"为"1"，单击"确定"按钮。

在"页眉和页脚工具-设计"选项卡"关闭"选项组中，单击"关闭页眉和页脚"按钮，返回到文档的编辑状态。

步骤10：让正文中的每一章从新的一页开始显示。

将光标定位于"第2章"的最前面，单击"布局"选项卡"页面设置"选项组中的"分隔符"下拉按钮，在弹出的下拉列表中选择"分节符"中的"下一页"选项。设置"第2章"中第1页的页码格式，在"页码格式"对话框中，选中"续前节"单选按钮，单击"确定"按钮。

对"第3章"和"第4章"进行类似的操作，这里不再赘述。

步骤11：更新目录。

右击"目录"页中的目录区，在弹出的快捷菜单中选择"更新域"选项，在弹出的"更新目录"对话框中，选中"更新整个目录"单选按钮，如图 3-75 所示，单击"确定"按钮。

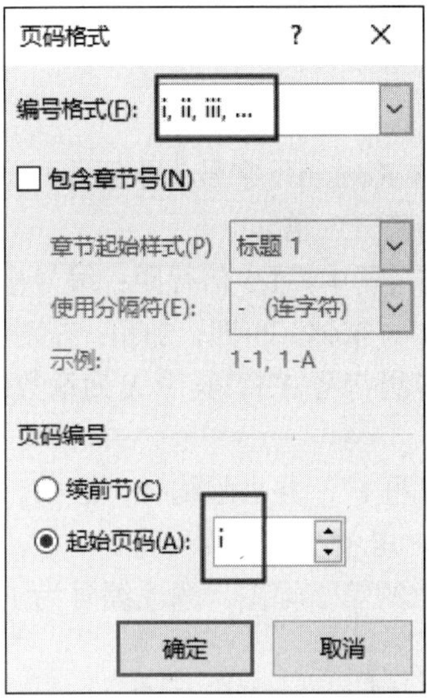

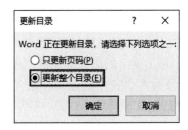

图 3-74　"页码格式"对话框　　　　图 3-75　"更新目录"对话框

更新后的目录效果如图 3-76 所示。

图 3-76　更新后的目录效果

使用同样的方法更新图索引页、表索引页中的目录即可，这里不再赘述。

3.4.6　拓展训练

打开"毕业论文原稿.doc"，进行以下操作：

1）设置上边距为 2.5cm，下、左、右边距为 2cm，左侧装订线 1cm；纸张大小为

A4；页脚设置为 1.8cm。

2）目录、图索引、表索引、中文标题及摘要、英文标题及摘要、引言、正文的每一章、结论与谢辞、参考文献都单独成页。

3）正文（包括引言，不包括参考文献）使用样式"正文"。其中：

字体：中文字体为宋体，西文字体为 Times New Roman，字号为小四；

段落：首行缩进 2 字符，段前、段后均为 0，行距 1.5 倍。

4）章名使用样式"标题 1"，宋体，小四，加粗；居中，1.5 倍行距；编号格式为第 X 章，其中 X 为自动排序。小节名使用样式"标题 2"，宋体，小四，加粗；左对齐，左、右缩进为 0，无特殊格式，1.5 倍行距；编号格式为多级符号 X.Y，其中 X 为章数字序号，Y 为节数字序号（如 1.1）。

5）引言、结论与谢辞、参考文献使用样式"标题 1"，并去除编号，居中。

6）对正文中的图添加题注"图"，位于图下方，居中，字号为五号。

编号为"章序号-图在章中的序号"（如第 1 章中的第 2 幅图，题注编号为 1-2）；图的说明使用图下一行的文字，字号为五号；图居中。

7）对正文中的表添加题注"表"，位于表上方，居中，字号为五号。

编号为"章序号-表在章中的序号"（如第 1 章中第 1 个表，题注编号为 1-1）；表的说明使用表上一行的文字，字号为五号；表居中。

8）在以下页面的页脚中插入页码，居中显示。其中：

摘要所在的两页页码采用"Ⅰ，Ⅱ，Ⅲ…"格式，页码连续；

正文内容（包括引言），页码采用"1，2，3…"格式，页码连续。

9）在目录页中插入目录，两级。

10）在图索引、表索引页面中插入图索引、表索引。

第 4 章　电子表格软件 Excel 2019 的使用

Excel 2019 是美国微软公司开发的 Office 2019 系列办公软件中的一个组件。本章主要介绍 Excel 2019 的使用方法。Excel 2019 是功能强大的数据处理软件，主要用于处理电子表格，它集表格设计、数据统计、报表分析、图形分析等功能于一体，被广泛应用于办公数据处理、财务、金融、经济、审计和统计等众多领域。

4.1　Excel 基本操作

 学习目标

- 熟悉 Excel 2019 的工作界面。
- 掌握有关 Excel 2019 的基本术语。
- 掌握工作表的基本操作方法。
- 掌握单元格的选择操作方法。
- 掌握单元格中各种类型数据的输入方法。
- 掌握设置单元格格式的常用方法。

4.1.1　Excel 2019 的工作界面

启动 Excel 2019 程序后，就进入其工作界面，如图 4-1 所示。

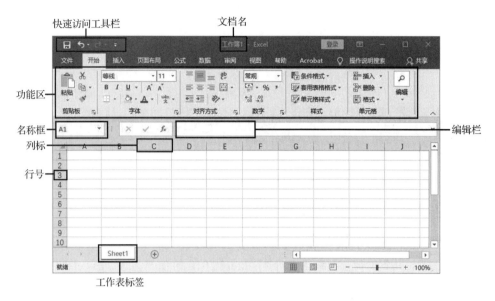

图 4-1　Excel 2019 的工作界面

4.1.2　Excel 2019 的基本术语

1.　工作簿

由 Excel 2019 所创建的文件称为工作簿文件，简称工作簿，默认的文件扩展名为.xlsx，如学生成绩.xlsx。

2.　工作表

Excel 2019 的工作簿由多个工作表组成，默认情况下，每个工作簿包含 1 个工作表，工作表标签名为 Sheet1，用户可在"Excel 选项"对话框中自行设置新建工作簿时包含的工作表数，可设置为 1～255，如果需要插入新工作表可单击"新工作表"按钮。当前正在使用的工作表称为活动工作表。Excel 2019 的所有操作都是在工作表中进行的。

3.　单元格

工作表中的许许多多网格称为单元格，它以行号、列标作为标识名，称为单元格地址，如 B5 表示 B 列第 5 行的单元格。Excel 2019 的数据通常就保存在各单元格中，这些数据可以是文本、数值、公式等不同类型的内容。当前被选中的单元格称为当前单元格或活动单元格，以粗线框表示。Excel 2019 所进行的许多操作都是针对活动单元格进行的。活动单元格的右下角有一个小黑点，称为填充柄。当用户将鼠标指针指向填充柄时，鼠标指针呈黑十字形状，拖动填充柄可以将单元格内容复制或填充到相邻单元格中。

4.　单元格区域

当对工作表中的数据进行操作时，通常应先选中需要操作的单元格或单元格区域。单元格区域的表示是由组成这个区域的左上角至右下角对角线两端的地址作为区域的标识的，中间用"："分隔。例如，单元格区域"B2:D5"表示从 B2 单元格到 D5 单元格组成的矩形区域中的 12 个单元格，如图 4-2 所示。选取区域时可以使用鼠标从左上角直接拖动到右下角，待虚线边框移至所需的单元格时释放鼠标左键即可。

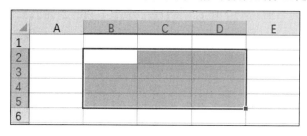

图 4-2　单元格区域 B2:D5

5. 行号与列标

行号是行的标识，用数字在每一行的行头标识。列的标识简称列标，使用字母在每一列的列头标识。行号与列标的标识如图 4-1 所示。

6. 编辑栏

编辑栏中显示的是当前单元格中的原始数据或公式，利用它可修改单元格中的原始数据或公式。

7. 名称框

名称框是用来显示当前单元格的名称或用以选择函数。例如，选中了 A5 单元格，那么在名称框中显示"A5"，若在某单元格中输入了公式编辑号"="，则名称框中显示函数列表，用以选择所需的函数，如图 4-3 所示。

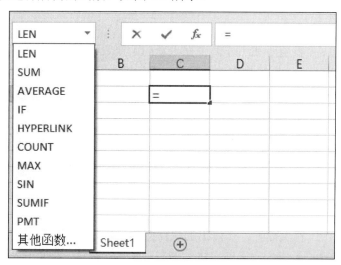

图 4-3　通过名称框选择函数

8．工作表标签

工作表标签位于 Excel 2019 窗口底部左侧，用来标识工作簿中的各个工作表。其中，高亮显示的工作表为当前活动工作表，用户可以在不同的工作表之间进行切换。

4.1.3 创建与打开工作簿

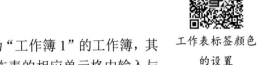

工作表标签颜色
的设置

1．创建工作簿

Excel 2019 启动后会自动建立一个名为"工作簿 1"的工作簿，其中包含 1 个空白的工作表 Sheet1。在各工作表的相应单元格中输入与编辑数据，保存后就完成了工作簿的创建。

2．打开工作簿

方法 1：选择 Excel 2019 工作表中的"文件"→"打开"选项，在弹出的"打开"对话框中选择需要打开的工作簿，单击"打开"按钮即可打开工作簿。

方法 2：双击需要打开的工作簿文件即可启动 Excel 2019 并同时打开该文件。

4.1.4 工作表的基本操作

工作表的基本操作

1．重命名工作表

用户可以根据需要更改工作表的标签名。

方法 1：双击需要重命名的工作表标签，再输入新的工作表标签名即可。

方法 2：右击需要重命名的工作表标签，在弹出的快捷菜单中选择"重命名"选项，然后输入新的标签名即可。

2．插入工作表

用户可以根据需要随时在工作簿中插入新的工作表。

方法 1：单击工作表标签栏中的"新工作表"按钮，即可插入一个工作表，如图 4-4 所示。

图 4-4　"新工作表"按钮

方法 2：右击工作表标签，在弹出的快捷菜单中选择"插入"选项，在弹出的"插入"对话框中选择"工作表"选项，然后单击"确定"按钮，即可在当前工作表之后插入一个新的工作表。

3. 删除工作表

方法 1：选择要删除的工作表标签，在"开始"选项卡"单元格"选项组中的"删除"下拉列表中选择"删除工作表"选项，并在弹出的提示框中单击"删除"按钮即可。

方法 2：右击要删除的工作表标签，在弹出的快捷菜单中选择"删除"选项即可。

注意：工作表删除后，将无法撤销删除操作。

4. 移动或复制工作表

方法 1：右击工作表标签，在弹出的快捷菜单中选择"移动或复制"选项，在弹出的"移动或复制工作表"对话框中选择该工作表将移动或复制到哪个工作簿文件中的哪个工作表前，选中"建立副本"复选框，表示复制操作，否则表示移动操作。

方法 2：选择工作表标签，如果要移动该工作表，则用鼠标直接拖动该标签至相应的位置后释放鼠标左键；如果要复制该工作表，则在按住 Ctrl 键的同时用鼠标拖动该标签至相应的位置后释放鼠标左键。

4.1.5　单元格的选择操作

在对 Excel 2019 工作表中的数据进行操作前一般应先选中被操作的单元格或单元格区域。当单元格或单元格区域被选中后，对应的行号和列标处将呈现灰色底纹显示，且该单元格（或被选中区域的左上角单元格）的名称将出现在名称框中。

选择单元格或单元格区域的具体操作方法如表 4-1 所示。

表 4-1　单元格的选择操作

选择项目	操作方法
单个单元格	单击要选择的单元格
	在名称框中输入单元格地址如 B10，再按 Enter 键
矩形区域	单击区域左上角的单元格，然后沿对角线方向拖动鼠标
	单击区域左上角的单元格，按住 Shift 键再单击区域右下角的单元格
多个不相邻单元格（区域）	先选择第一个单元格（或区域），再按住 Ctrl 键并选择其他单元格（或区域）
一行或一列	单击行号或列标
相邻的行或列	拖动行号或列标

若要取消选择的单元格区域，只需单击相应工作表中的任意单元格即可。

4.1.6　单元格中数据的输入

Excel 2019 单元格中的数据主要分两种基本类型：常量和公式。常量又分为数值、文本、货币、日期、时间等类型，公式是以"="开头的由常量、运算符、单元格引用、函数等组成的表达式。

单元格中数据的输入

1. 文本的输入

文本是指由字母、汉字、数字、符号等组成的字符串，常用于标题、字段名称或文字说明等。通常情况下，当输入的数据中含有字母、汉字、符号时，Excel 2019 会自动把它确定为文本数据，文本在单元格中默认的对齐方式为左对齐。

如果要将数字作为字符串（即文本）输入，应先输入一个英文的单引号"'"，再输入相应的数字，如输入"'00001"则输入的是文本"00001"，若输入"00001"则输入的是数值"1"。

▌小技巧

单元格中文本的换行

若要在一个单元格中输入多行文字，在一行输入完毕后按 Alt+Enter 组合键即可实现换行。

2．数值的输入

直接输入的数值数据可以是整数、小数，也可以是用科学记数法表示的数，如 2.34E+7 表示 2.34×10^7。

当数字的长度超过单元格宽度时，显示为一串"####"，只要增大列宽即可让数值正常显示。当数值过大或过小时，自动以指数方式显示。数值在单元格中默认的对齐方式为右对齐。

输入负数可采用两种方式：一种是在数字前加"–"号，如"–2020"；另一种是在数字前后加一小括号，如"（2020）"。

▌小技巧

分数的输入

若要输入分数如"2/5"，应先输入"0"和一个空格后，再输入"2/5"。如果直接输入"2/5"，则输入的是日期型数据"2 月 5 日"。

3．日期和时间的输入

输入日期和时间数据时，必须遵循相应的格式。用斜线"/"或连字符"-"作为日期数据中年、月、日的分隔符，如"2020-10-01"或"2020/10/01"；用冒号":"作为时间数据中时、分、秒的分隔符，如"15:20:25"，如果输入 12 小时制的时间，应加上 AM 或 PM 表示上午时间或下午时间，如"10:00 AM"，字母与数字之间必须留一空格。日期和时间型数据在单元格中默认的对齐方式为右对齐。

4．自动填充数据

数据填充是指将数据按一定规律自动输入相邻的多个单元格中。当在多个连续的单元格中需要输入有规律的数据如"1、2、3、4、…""2、4、6、8、…""男、男、男、…"等时，不必针对每个单元格都进行数据输入操作，而可以利用 Excel 提供的自动填充功能简单地一次性完成所有输入操作。

例如，要求利用数据的自动填充功能在 A1:A10 单元格中依次输入数值"1、3、5、7、…、19"，操作方法有多种。

方法 1：在单元格 A1 中先输入"1"，单击并拖动单元格 A1 的填充柄至单元格 A10，在右下角的"自动填充选项"下拉列表中选择"填充序列"选项，在弹出的"序列"对话框的"步长值"文本框中输入 2，如图 4-5 所示，然后单击"确定"按钮即可。

图 4-5 "序列"对话框

方法 2：在单元格 A1、A2 中分别输入"1""3"，选中单元格区域 A1:A2，直接拖动填充柄至单元格 A10 即可。

4.1.7 工作表中数据的编辑

1. 插入单元格、整行和整列

编辑工作表时，常常需要在已有数据区域中插入空白单元格、整行或整列，以便在其中添加新的数据。

方法：选择需要插入单元格（行或列）处的单元格，单击"开始"选项卡"单元格"选项组中的"插入"下拉按钮，在弹出的下拉列表中选择"插入单元格"选项（"插入工作表行"或"插入工作表列"选项）。

> **┃ 小技巧**
>
> **快速插入 n 行空白行**
>
> 在 Excel 中，若想在某一行之前插入 n 行空白行，可先选择自此行开始的 n 行，然后右击，在弹出的快捷菜单中选择"插入"选项，在弹出的"插入"对话框中选中"整行"单选按钮，然后单击"确定"按钮即可。

2. 删除和清除

（1）删除整行或整列

方法：先选择需要删除的行（列），然后右击，在弹出的快捷菜单中选择"删除"选项即可。

注意：不能同时选择行和列进行删除操作。

（2）删除单元格

方法：选择一个或多个单元格，然后右击，在弹出的快捷菜单中选择"删除"选项，弹出如图 4-6 所示的"删除"对话框，在对话框中选择相应的选项后，单击"确定"按钮即可。

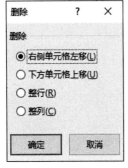

图 4-6　"删除"对话框

（3）清除单元格或区域

与删除不同，清除只是清除单元格或区域中的内容、格式、批注、超链接等，而保留单元格本身。

方法：选择一个或多个单元格，单击"开始"选项卡"编辑"选项组中的"清除"下拉按钮，在弹出的下拉列表中选择相应清除的选项即可。

"清除"下拉列表中各选项的功能如下。

1）全部清除：清除单元格的所有内容和格式，包括批注和超链接。

2）清除格式：只清除单元格的格式，如字体、颜色、底纹等，不清除内容和批注。

3）清除内容：清除单元格的内容，即数据和公式，不影响单元格格式，也不删除批注。

4）清除批注：只清除插入单元格中的批注。

5）清除超链接：清除单元格的超链接。

选择单元格或区域后，按 Delete 键等同于清除单元格或区域中的内容。

3．复制、移动数据

（1）复制数据

方法：选中要复制工作表中的数据，单击"开始"选项卡"剪贴板"选项组中的"复制"按钮，选择目标单元格，然后右击，在弹出的快捷菜单中选择"粘贴选项"中的粘贴类型，如图 4-7 所示。

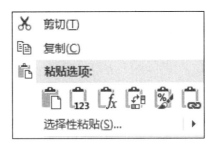

图 4-7　"粘贴"快捷菜单

（2）移动数据

方法：移动数据操作同复制数据操作类似，只是"复制"按钮变为"剪切"按钮即可。

小技巧

使用鼠标拖动快速复制和移动数据

选择需要复制或移动数据的单元格或区域，将鼠标指针指向选中的单元格或区域的边框，直接拖动鼠标到目标位置即为移动，若按住 Ctrl 键的同时拖动鼠标到目标位置即为复制。

4.1.8 工作表的格式化

工作表的格式化是指调整工作表中数据或单元格的显示效果，使其更加规范、整齐、美观或满足某些特殊需求。

1. 调整行高和列宽

新建工作表时，所有单元格都具有相同的宽度和高度。在实际使用时，可以根据需要调整列宽和行高，调整列宽和行高主要有以下几种方法。

方法 1：鼠标拖动列标右侧（或行号下方）的分隔线。

方法 2：使用"列宽"（或"行高"）命令。先选中需要调整列宽的列（或需要调整行高的行），单击"开始"选项卡"单元格"选项组中的"格式"下拉按钮，在弹出的下拉列表中选择"列宽"（或"行高"）选项，在弹出的"列宽"（或"行高"）对话框中设置列宽（或行高），如图 4-8 所示，然后单击"确定"按钮。

方法 3：要使列宽与单元格内容宽度相适合（或行高与内容高度相适合），可先选择要调整的列（或行），单击"开始"选项卡"单元格"选项组中的"格式"下拉按钮，在弹出的下拉列表中选择"自动调整列宽"（或"自动调整行高"）选项即可，如图 4-9 所示。

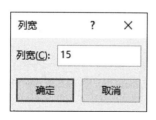

图 4-8 "列宽"对话框

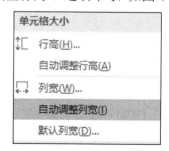

图 4-9 "格式"下拉列表

小技巧

快速调整到最适合的列宽（或行高）

鼠标双击列标右侧（或行号下方）的分隔线即可，可以选中多列（或多行）一起调整。

2. 设置单元格格式

单元格的格式可利用"开始"选项卡中的"字体""对齐方式""数字"选项组进行设置，也可以利用"设置单元格格式"对话框进行设置。单击"字体""对齐方式""数字"选项组右下角的对话框启动器，弹出"设置单元格格式"对话框，如图 4-10 所示，其中含有"数字""对齐""字体""边框""填充""保护"6 个选项卡。

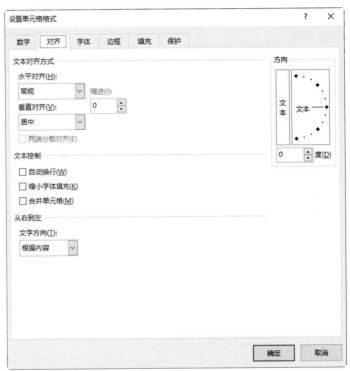

图 4-10　"设置单元格格式"对话框

（1）"数字"选项卡

通过"数字"选项卡可以更改数据的数字格式。常用的数字格式有数值、货币、日期、时间、百分比、文本等。若设置成数值、货币等格式，还可以设置小数位数。

（2）"对齐"选项卡

通过"对齐"选项卡（图 4-10）中的"文本对齐方式"选项组，可以设置单元格内数据的水平对齐方式及垂直对齐方式。

通过"文本控制"选项组可实现单元格内数据的自动换行、缩小字体填充，并可把选中的多个单元格合并为一个单元格。

通过"文字方向"的设置，可以改变单元格中文本的显示方向。

（3）"字体"选项卡

通过"字体"选项卡可以设置单元格的字体、字形、字号、下划线、颜色、特殊效果等。

（4）"边框"选项卡

通过"边框"选项卡可以给单元格或单元格区域添加边框线。

（5）"填充"选项卡

通过"填充"选项卡可以给单元格或单元格区域添加底纹。

（6）"保护"选项卡

"保护"选项卡包括"锁定"和"隐藏"两个选项。在默认状态下，所有的单元格都处于"锁定"状态。被锁定的单元格不能被修改。"隐藏"用于隐藏公式，当某个存有公式的单元格设置了隐藏属性后，当该单元格被选中时，公式不会显示在编辑栏中。

要使"锁定"和"隐藏"起作用的前提是，必须设置"保护工作表"。

3. 设置条件格式

当单元格被设置了条件格式后，只有当单元格中的数据满足所设定的条件时才会显示成所设置的格式，便于查看表格中符合条件的数据。

例如，要把如图 4-11 所示的员工基本信息表中所有工龄大于 25 的数据设置成"浅红填充色深红色文本"。其操作方法：选中数据单元格区域 G3:G14，单击"开始"选项卡"样式"选项组中的"条件格式"下拉按钮，在弹出的下拉列表中选择"突出显示单元格规则"→"大于"选项，在弹出的"大于"对话框中设置如图 4-12 所示的相应参数，单击"确定"按钮，最后的效果如图 4-13 所示。

图 4-11　员工基本信息表

条件格式的设置

图 4-12　"大于"对话框

	A	B	C	D	E	F	G
1				员工基本信息表			
2	员工编号	姓名	部门	职务	学历	工作日期	工龄(年)
3	00324618	王应富	管理部	总经理	研究生	1991/8/15	29
4	00324619	曾冠琛	销售部	部门经理	研究生	1999/9/7	21
5	00324620	关俊民	客服中心	部门经理	本科	1999/12/6	21
6	00324621	曾丝华	客服中心	普通员工	本科	1990/1/16	30
7	00324622	王文平	技术部	部门经理	本科	1996/2/10	24
8	00324623	孙娜	客服中心	普通员工	大专	1996/3/10	24
9	00324624	丁怡瑾	业务部	部门经理	研究生	1998/4/8	22
10	00324625	蔡少娜	后勤部	部门经理	研究生	1998/5/8	22
11	00324626	罗建军	管理部	部门经理	本科	1999/6/7	21
12	00324627	肖羽雅	管理部	文员	大专	1997/7/9	23
13	00324628	甘晓聪	管理部	文员	中专	1995/8/11	25
14	00324629	姜雪	后勤部	技工	大专	2002/9/4	18

图 4-13　设置条件格式后的效果

4. 套用表格格式

Excel 2019 中提供了多种表格格式供用户进行套用，以便快速美化表格外观。

使用"套用表格格式"的方法：选择需要套用格式的单元格区域或数据清单中的任意单元格，单击"开始"选项卡"样式"选项组中的"套用表格格式"下拉按钮（图 4-14），在弹出的下拉列表中选择一种表格格式，再在"套用表格式"对话框（图 4-15）中单击"确定"按钮即可。

图 4-14　"套用表格格式"按钮

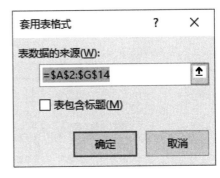

图 4-15　"套用表格式"对话框

5. 添加批注

通过使用批注给单元格添加注释，使工作表中的数据更易于理解。

给单元格添加批注的方法：选中要添加批注的单元格，单击"审阅"选项卡"批注"选项组中的"新建批注"按钮，如图 4-16 所示，在弹出的批注编辑框中输入并编辑批注内容即可。

图 4-16　"新建批注"按钮

当单元格附有批注时，该单元格的边角上将出现红色标记，当将鼠标指针停留在该单元格上时，将显示批注内容，如图 4-17 所示。

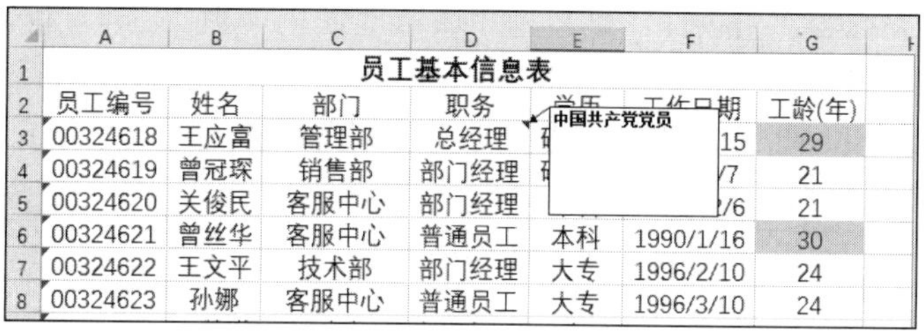

图 4-17　批注显示效果

4.1.9　任务——制作"2020 年我国城市地铁里程数前 12 名"数据表

1．任务描述

能制作一个美观且符合实际需求的 Excel 数据表是我们学习 Excel 操作的最基本要求。本任务要求制作一份"2020 年我国城市地铁里程数前 12 名"数据表，具体效果如图 4-18 所示。

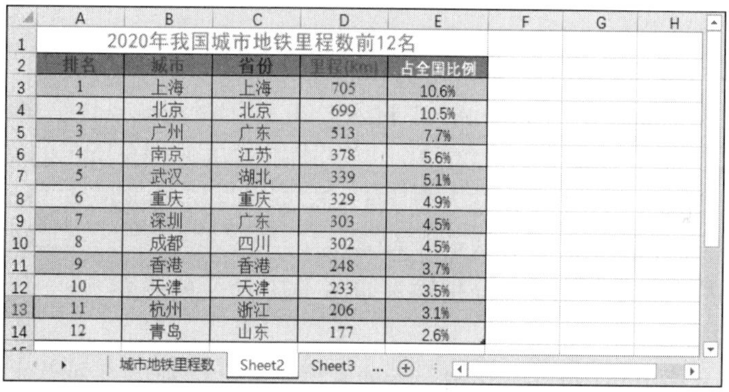

图 4-18　数据表效果

2．任务分析

完成本任务首先要打开 Excel 2019 并创建一空白工作簿文件，通过"另存为"命令保存为"2020 年我国城市地铁里程数前 12 名.xlsx"，再输入城市地铁里程数前 12 名的具体信息，然后按要求对文本及单元格进行编辑修改，制作完成后保存文档。通过本任务可学会 Excel 2019 的基本操作及制作日常简单电子表格的基本方法。

要完成本任务，具体操作如下：

1）打开 Excel 2019，新建一空白工作簿文件，另存为"2020 年我国城市地铁里程数前 12 名.xlsx"。

2）输入城市地铁里程数前 12 名的基本信息。

3）设置标题格式为字体黑体、字号 14、颜色绿色，合并 A1 至 D1 单元格且水平对齐方式为居中。

4）把"占全国比例"列数据设置成按百分比（%）显示；设置除标题外的所有数据单元格的列宽为 10 且水平居中；给除标题外的所有数据单元格加上单实线边框。

5）把工作表标签"Sheet1"更名为"城市地铁里程数"；插入新工作表 Sheet2、Sheet3，并把工作表 Sheet1 中的数据表分别复制到工作表 Sheet2、Sheet3 中。

6）在工作表 Sheet2 中，将除标题外的数据清单设置套用表格格式为"橙色，表样式中等深浅 10"，并取消"筛选"效果。

7）在工作表 Sheet3 中，设置排名小于等于 5 的单元格的条件格式为加粗、颜色为红色。

8）在工作表 Sheet3 中，设置"北京"所在单元格的批注为"我们的首都！"。

9）保存文件。

3. 任务实现

步骤 1：创建"2020 年我国城市地铁里程数前 12 名.xlsx"工作簿并保存。

启动 Excel 2019，建立一个以"工作簿 1"为名的空白工作簿文件。选择"文件"→"另存为"（或"保存"）选项，在打开的"另存为"对话框中选择"保存位置"为桌面，在"文件名"文本框中输入文件名称"2020 年我国城市地铁里程数前 12 名"，单击"保存"按钮。

步骤 2：输入城市地铁里程数前 12 名的基本信息。

1）在工作表 Sheet1 的单元格 A1 中输入"2020 年我国城市地铁里程数前 12 名"。

2）在单元格 A2、B2、C2、D2、E2 中分别输入如图 4-19 所示的文字内容。

3）在单元格 A3、A4 中分别输入数字 1、2，选中单元格区域 A3:A4，鼠标拖动单元格区域 A3:A4 右下角的填充柄至单元格 A14。

4）在单元格区域 B3:E14 中分别输入如图 4-19 所示的内容。

步骤 3：设置标题格式。

1）选中单元格 A1，通过"开始"选项卡"字体"选项组设置字体为黑体、字号为 14、颜色为绿色。

2）选中单元格区域 A1:E1，单击"开始"选项卡"对齐方式"选项组中的"合并后居中"按钮（图 4-20），设置完成后的效果如图 4-21 所示。

图 4-19　城市地铁里程数前 12 名信息的输入效果

图 4-20　"合并后居中"按钮

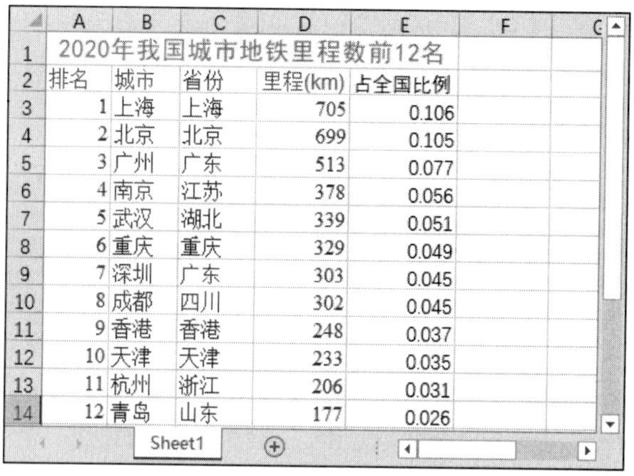

图 4-21 设置标题格式后的效果

步骤 4：设置数据格式及列宽、对齐方式。

1）选中"占全国比例"数据单元格区域 E3:E14，单击"开始"选项卡"数字"选项组右下角的对话框启动器，在弹出的"设置单元格格式"对话框中的"数字"选项卡中选择分类为"百分比"，设置"小数位数"为 1，如图 4-22 所示。

图 4-22 "设置单元格格式"对话框

2）选中单元格区域 A2:E14，单击"开始"选项卡"单元格"选项组中的"格式"下拉按钮，在弹出的下拉列表中选择"列宽"选项，在弹出的"列宽"对话框中设置列宽为 10；单击"开始"选项卡"对齐方式"选项组中的"居中"按钮。

3）选中单元格区域 A2:E14，单击"开始"选项卡"数字"选项组右下角的对话框启动器，在弹出的"设置单元格格式"对话框的"边框"选项卡中，分别单击"外边框""内部"按钮，再单击"确定"按钮，效果如图 4-23 所示。

	A	B	C	D	E	F
1	2020年我国城市地铁里程数前12名					
2	排名	城市	省份	里程(km)	占全国比例	
3	1	上海	上海	705	10.6%	
4	2	北京	北京	699	10.5%	
5	3	广州	广东	513	7.7%	
6	4	南京	江苏	378	5.6%	
7	5	武汉	湖北	339	5.1%	
8	6	重庆	重庆	329	4.9%	
9	7	深圳	广东	303	4.5%	
10	8	成都	四川	302	4.5%	
11	9	香港	香港	248	3.7%	
12	10	天津	天津	233	3.5%	
13	11	杭州	浙江	206	3.1%	
14	12	青岛	山东	177	2.6%	

图 4-23　设置数据格式及列宽、对齐方式、边框后的效果

步骤 5：工作表的重命名、插入、复制。

1）右击工作表标签"Sheet1"，在弹出的快捷菜单中选择"重命名"选项，输入"城市地铁里程数"。

2）单击 2 次"新工作表"按钮，选择工作表 Sheet1 中的数据表，右击选中的区域，在弹出的快捷菜单中选择"复制"选项，右击工作表 Sheet2 中的 A1 单元格，在弹出的快捷菜单中选择"粘贴"选项。右击工作表 Sheet3 中的 A1 单元格，在弹出的快捷菜单中选择"粘贴"选项。

步骤 6：设置套用表格格式，取消"筛选"效果。

1）在工作表 Sheet2 中，选中单元格区域 A2:E14，单击"开始"选项卡"样式"选项组中的"套用表格格式"下拉按钮，在弹出的下拉列表中选择"橙色，表样式中等深浅 10"样式。

2）在工作表 Sheet2 中，单击单元格区域 A2:E14 中的任意单元格，单击"数据"选项卡"排序与筛选"选项组中的"筛选"按钮，设置后的效果如图 4-24 所示。

	A	B	C	D	E
1	2020年我国城市地铁里程数前12名				
2	排名	城市	省份	里程(km)	占全国比例
3	1	上海	上海	705	10.6%
4	2	北京	北京	699	10.5%
5	3	广州	广东	513	7.7%
6	4	南京	江苏	378	5.6%
7	5	武汉	湖北	339	5.1%
8	6	重庆	重庆	329	4.9%
9	7	深圳	广东	303	4.5%
10	8	成都	四川	302	4.5%
11	9	香港	香港	248	3.7%
12	10	天津	天津	233	3.5%
13	11	杭州	浙江	206	3.1%
14	12	青岛	山东	177	2.6%

图 4-24　设置套用表格格式后的效果

步骤 7：设置条件格式。

在工作表 Sheet3 中，选中单元格区域 A3:A14，单击"开始"选项卡"样式"选项组中的"条件格式"下拉按钮，在弹出的下拉列表中选择"突出显示单元格规则"→"其他规则"选项，在弹出的"新建格式规则"对话框中设置"单元格值"条件为"小于或等于"5（图 4-25），单击"格式"按钮，在弹出的"设置单元格格式"对话框中设置加粗、颜色为红色，单击"确定"按钮，返回"新建格式规则"对话框，然后单击"确定"按钮。

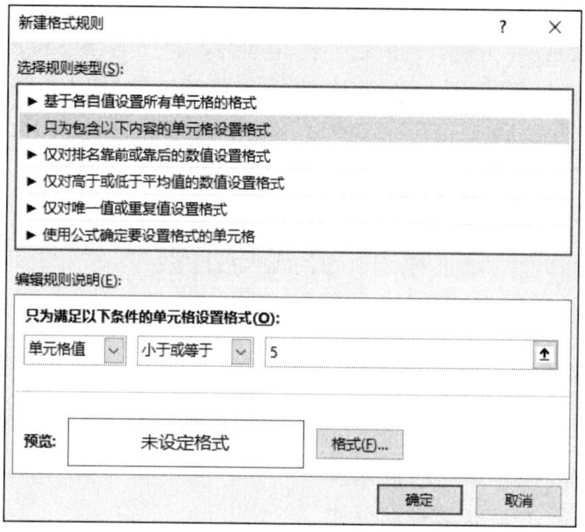

图 4-25 "新建格式规则"对话框

步骤 8：设置批注。

在工作表 Sheet3 中，选中单元格 B4，单击"审阅"选项卡"批注"选项组中的"新建批注"按钮，在弹出的批注编辑框中输入文字"我们的首都!"，再单击任意单元格完成输入即可。

步骤 9：保存文件。

至此，数据表已按要求制作完成，单击"保存"按钮，将文件及时保存。

4.1.10 拓展训练

1）启动 Excel 2019，在工作表 Sheet1 中输入如图 4-26 所示的数据。

	A	B	C	D	E	F
1	编号	姓名	第1季度	第2季度	第3季度	第4季度
2	0001	刘伟	72	78	68	70
3	0002	李丽华	70	75	69	75
4	0003	刘伟	65	74	75	72
5	0004	范双	78	74	72	68
6	0005	刘桥	65	65	70	68
7	0006	鲁季	66	68	72	70
8	0007	梁美玲	68	70	68	60
9	0008	钟胜	64	75	69	65
10	0009	张军	65	72	68	64
11						

图 4-26 员工出勤量统计表

2）在数据清单前插入标题行"2020 年公司员工出勤量统计表"，设置字体为隶书，字号为 24，颜色为"橙色，个性色 6，深色 50%"，合并单元格 A1～F1 且文字水平居中。

3）给数据清单的字段名所在行设置浅绿色的底纹。

4）给整个数据清单（标题行除外）加上深蓝色、双实线的边框，内部单元格加蓝色、单实线的边框。

5）利用条件格式将小于 65 的单元格格式设置为红色，将大于 75 的单元格设置格式为蓝色、加粗。

6）在工作表 Sheet1 后增加一新工作表 Sheet2，将工作表 Sheet1 中的数据清单复制到工作表 Sheet2 中，将工作表 Sheet2 中的数据清单设置套用表格格式为"红色，表样式中等深浅 3"。

7）保存为"2020 年公司员工出勤量统计表.xlsx"。

4.2　公式与函数

 学习目标

- 熟悉单元格引用的类型及含义。
- 熟悉公式中各种运算符的应用。
- 熟练掌握公式及常用函数的使用。
- 了解使用公式后常见的出错信息及处理方法。

4.2.1　单元格的引用

在处理单元格中的数据时，经常要用到公式，而大多数的公式中会有单元格的引用。根据单元格中的公式被复制到其他单元格后单元格的引用是否会改变，单元格的引用可分为相对引用、绝对引用、混合引用 3 种。

1. 相对引用

相对引用也叫相对地址，指公式中的单元格地址是当前单元格与公式所在单元格的相对位置，它是直接用单元格的列标、行号表示的引用，如 A1、B5、C20 等。当把一个含有相对地址的公式复制到一个新的位置时，公式中的相对地址会随之变化。在使用过程中，除了特别需要，一般是使用相对地址来引用单元格的内容。

2. 绝对引用

绝对引用也叫绝对地址，它是分别在单元格的列标、行号前加上符号"$"表示的引用，如$B5、$C$20 等。当把一个单元格中含有绝对引用的公式复制到另一单元格时，公式中的绝对地址始终保持不变。

3. 混合引用

既有绝对引用又有相对引用的引用称为混合引用，如$B12、C$6 等。

4.2.2 运算符

大多数的公式中会用到运算符，运算符用于对操作数进行运算。Excel 2019 中的运算符主要包括算术运算符、文本运算符、比较运算符。

1. 算术运算符

算术运算符有百分数（%）、乘幂（^）、乘（*）、除（/）、加（+）和减（-）。

2. 文本运算符

Excel 2019 的文本运算符只有一个，即&。&的作用是将两个文本连接起来成一个连续的文本。

例如，公式"=电子表格软件& Excel 2019"计算后的值为"电子表格软件 Excel 2019"。

又如，假设单元格 B1 中的文本为"不忘初心"，单元格 B2 中的文本为"牢记使命"，则公式"=B1&B2"计算后的值为"不忘初心牢记使命"。

3. 比较运算符

比较运算符有等于（=）、小于（<）、大于（>）、小于等于（<=）、大于等于（>=）、不等于（<>）。

比较运算符用于比较两个值的大小或用于判定一个条件是否成立。比较的结果是一个逻辑值 TRUE 或 FALSE。TRUE 表示比较的条件成立，FALSE 表示比较的条件不成立。例如，公式"=80>78"的计算结果为逻辑值 TRUE。

4.2.3 公式

Excel 2019 中的公式由数字、运算符、单元格引用和函数等组成。使用公式可以对工作表中的数据进行加、减、乘、除等各种运算。在单元格中输入公式时必须以等号"="开头，如"=35+12*3""=SUM（A1:C10）"等。当单元格中的公式输入完成并确认后，单元格中显示的是公式计算的结果，而在编辑栏中显示的是具体的计算公式。当引用单元格中的值发生变化后，公式计算结果将会自动更新。

公式输入完成后可按 Enter 键或单击编辑栏前的"输入"按钮 进行确认。若要对公式进行修改，可在编辑栏中进行。公式中的所有非常量字符都应是英文字符。

例如，若要利用公式计算如图 4-27 所示的工资表中的"实发数"列数据，可在单元格 F3 中输入公式"=B3+C3+D3-E3"，再拖动单元格 F3 的填充柄至单元格 F8 即可。

	A	B	C	D	E	F
1	单位工资表					
2	职工姓名	固定工资	浮动工资	各种津贴	扣发数	实发数
3	张彦	205	50	380	50	
4	李笑	224	100	450	60	
5	许晓	265	200	320	45	
6	吴风	452	300	236	40	
7	赵海	205	203	420	70	
8	蔡莲	320	320	410	80	

图 4-27 单位工资表

小技巧

公式的快速复制

在一个单元格输入公式并计算出结果后，要将该公式复制到该列下方的其余单元格，只要双击该单元格的填充柄即可。

4.2.4 函数

函数是 Excel 2019 预设的公式，使用它可以方便地完成复杂的运算。

函数操作的对象称为参数，参数可以是数字、文本、单元格引用、数组等，给定的参数必须能够产生有效的值。函数的计算规则称为语法。

Excel 2019 内部函数包括财务函数、日期与时间函数、数学与三角函数、统计函数、数据库函数、文本函数、逻辑函数等。

函数可以在公式中直接输入，也可使用插入函数向导插入。

数据抽取

1. 常用函数介绍

在 Excel 2019 所提供的众多函数中，有些是经常被使用的。在日常工作、学习中，常用函数的语法和功能如表 4-2 所示。

表 4-2 常用函数的语法和功能

函数名称	语法	功能
求和函数	SUM(number1,number2,…)	计算单元格区域中所有数值的和
求平均值函数	AVERAGE(number1,number2,…)	计算单元格区域中所有数值的算术平均数
求最大值函数	MAX(number1,number2,…)	返回一组数值中的最大值
求最小值函数	MIN(number1,number2,…)	返回一组数值中的最小值
取整函数	INT(number)	返回一个小于 number 的最大整数
四舍五入函数	ROUND(number,num_digits)	返回数字 number 按指定位数 num_digits 四舍五入后的数字
条件函数	IF(logical_test,value_if_true,value_if_false)	根据条件 logical_test 的真假值,返回不同的结果
计数函数	COUNT(number1,number2,…)	计算单元格区域中数字项的个数
单条件计数函数	COUNTIF(range,criteria)	统计给定区域 range 内满足特定条件 criteria 的单元格的数目
多条件计数函数	COUNTIFS(criteria_range1, criteria1,[criteria_range2, criteria2]…)	统计一组给定条件所指定的单元格数目
条件求和函数	SUMIF(range,criteria,[sum_range])	对区域中符合指定条件的值求和
条件求平均值函数	AVERAGEIF(range,criteria, [average_range])	返回某个区域内满足给定条件的所有单元格的平均值（算术平均值）
文本截取函数	MID(text, start_num, num_chars)	返回文本字符串中从指定位置开始的特定数目的字符

续表

函数名称	语法	功能
排位函数	RANK(number,ref,order) 或 RANK.EQ(number,ref,order)	返回指定数字 number 在一列数字 ref 中的排位
逻辑与函数	AND(logical1, [logical2], ...)	所有参数的计算结果为 TRUE 时，返回 TRUE
逻辑或函数	OR(logical1, [logical2], ...)	在其参数组中，任何一个参数逻辑值为 TRUE，即返回 TRUE
纵向查找函数	VLOOKUP(lookup_value,table_array,col_index_num,range_lookup)	根据 lookup_value 在指定范围 table_array 第一列查找相同的值，返回 table_array 范围的指定列（col_index_num）的值。range_lookup 的值为 FALSE 时要求完全匹配

2. 函数的使用

函数必须应用在具体的公式中，使用函数有多种方法。

VLOOKUP 函数的使

（1）手动输入函数

若对相应的函数及其语法比较熟悉，则可直接在单元格的公式中输入函数。

（2）使用函数向导输入函数

Excel 2019 提供了几百个函数，想熟练掌握所有的函数难度较大，这时可借助于函数向导来输入函数，操作方法：单击编辑栏前的"插入函数"按钮 *f*，在弹出的"插入函数"对话框（图 4-28）中选择所需的函数（如 AVERAGE），单击"确定"按钮。在弹出的"函数参数"对话框（图 4-29）的"Number1"文本框中输入计数区域（如 C3:F3），然后单击"确定"按钮即可。

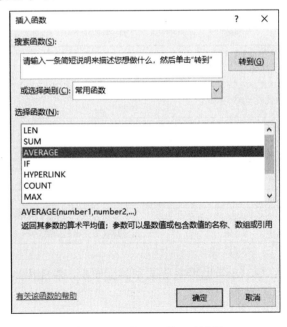

图 4-28　"插入函数"对话框

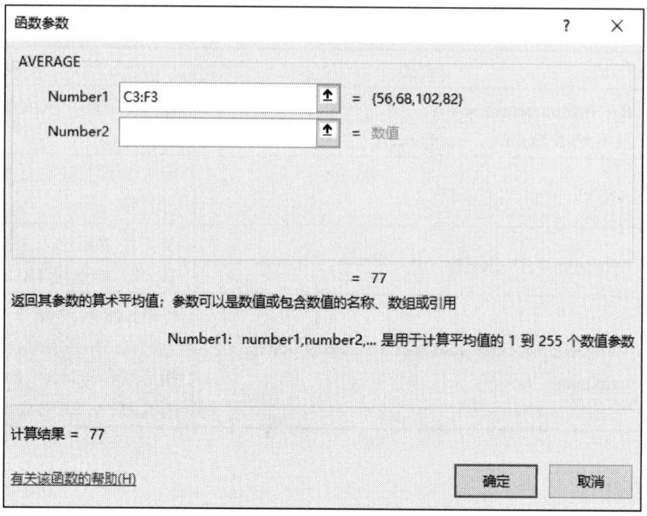

图 4-29 "函数参数"对话框

（3）嵌套函数

在某些情况下，要将某函数的返回值作为另一函数的参数来使用，这一函数就是嵌套函数。一个公式可以包含多达 7 级的嵌套函数。例如，公式 "=IF(OR(C2>AVERAGE($C$2:$C$7),D2>AVERAGE($D$2:$D$7)),"好","一般")"，就是嵌套函数的具体应用。

4.2.5 公式或函数出错信息

如果输入的公式中有错误不能正确计算出结果时，在单元格中将显示一个以#开头的错误值。表 4-3 给出了错误值、产生错误的原因和简单例子。

表 4-3 公式或函数中常见的出错信息

错误值	原因	例子
#DIV/0!	除法时除数为 0	在单元格 B2 中输入公式 "=5/0"
#VALUE!	使用错误的参数或运算对象类型	在单元格 A3 中输入文字 "信息学院"，在单元格 B3 中输入公式 "=A3+5"
#NAME?	在公式中使用了未定义的名称或不存在的单元格区域名	在单元格 A2 中输入 "=abc+5"
#REF!	引用了无效的单元格	在单元格 A2 中输入 "=A1+8"，将 A2 中的公式复制到 B1
#NUM!	在数学函数中使用了不适当的参数	在单元格 B6 中输入 "=SQRT(-6)"，该函数用于求平方根
#NULL!	指定的两个区域不相交	在单元格 B8 中输入 "=SUM(A1:B4 D3:F8)"
####	单元格所含的数字、日期或时间值的数据宽度比单元格宽	在单元格 B2 单元格输入 "2014-4-18"，减少 B 列宽度，可以发现该单元格显示成 "#####"

4.2.6 任务——完善"2018 年世界主要国家国土面积、农业用地"数据表

1. 任务描述

在 Excel 2019 的数据表中，当输入了原始数据后，某些字段或单元格中的数据往往

可以通过计算所得。本任务通过完善“2018 年世界主要国家国土面积、农业用地”数据表的操作学习公式及函数的具体应用。原始数据表如图 4-30 所示，完善后的数据表如图 4-31 所示。

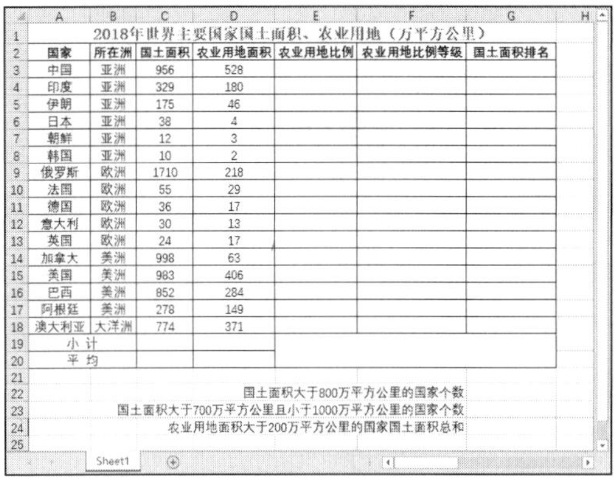

2018年世界主要国家国土面积、农业用地（万平方公里）

国家	所在洲	国土面积	农业用地面积	农业用地比例	农业用地比例等级	国土面积排名
中国	亚洲	956	528			
印度	亚洲	329	180			
伊朗	亚洲	175	46			
日本	亚洲	38	4			
朝鲜	亚洲	12	3			
韩国	亚洲	10	2			
俄罗斯	欧洲	1710	218			
法国	欧洲	55	29			
德国	欧洲	36	17			
意大利	欧洲	30	13			
英国	欧洲	24	17			
加拿大	美洲	998	63			
美国	美洲	983	406			
巴西	美洲	852	284			
阿根廷	美洲	278	149			
澳大利亚	大洋洲	774	371			
小 计						
平 均						

国土面积大于800万平方公里的国家个数
国土面积大于700万平方公里且小于1000万平方公里的国家个数
农业用地面积大于200万平方公里的国家国土面积总和

图 4-30　原始数据表

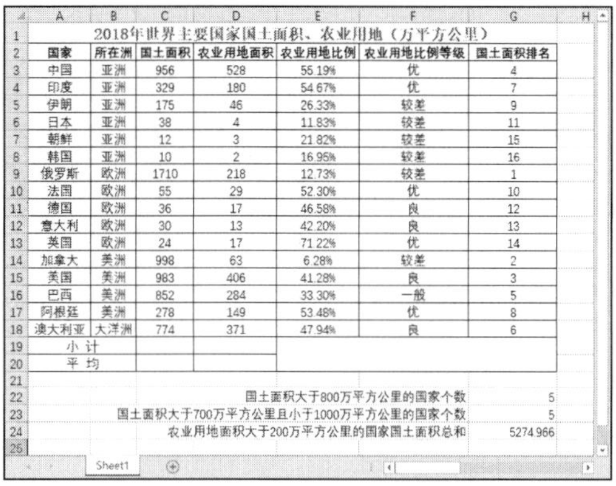

2018年世界主要国家国土面积、农业用地（万平方公里）

国家	所在洲	国土面积	农业用地面积	农业用地比例	农业用地比例等级	国土面积排名
中国	亚洲	956	528	55.19%	优	4
印度	亚洲	329	180	54.67%	优	7
伊朗	亚洲	175	46	26.33%	较差	9
日本	亚洲	38	4	11.83%	较差	11
朝鲜	亚洲	12	3	21.82%	较差	15
韩国	亚洲	10	2	16.95%	较差	16
俄罗斯	欧洲	1710	218	12.73%	较差	1
法国	欧洲	55	29	52.30%	优	10
德国	欧洲	36	17	46.58%	良	12
意大利	欧洲	30	13	42.20%	良	13
英国	欧洲	24	17	71.22%	优	14
加拿大	美洲	998	63	6.28%	较差	2
美国	美洲	983	406	41.28%	良	3
巴西	美洲	852	284	33.30%	一般	5
阿根廷	美洲	278	149	53.48%	优	8
澳大利亚	大洋洲	774	371	47.94%	良	6
小 计						
平 均						

国土面积大于800万平方公里的国家个数	5
国土面积大于700万平方公里且小于1000万平方公里的国家个数	5
农业用地面积大于200万平方公里的国家国土面积总和	5274.966

图 4-31　完善后的数据表

2．任务分析

完成本任务首先需要熟悉 Excel 2019 各函数的功能及使用格式，明确相应的数据该使用什么函数进行计算。通过本任务将学习 Excel 2019 中常用函数及函数嵌套的具体使用方法。

要完成本项任务，具体操作如下：

1）打开素材文件夹中的工作簿文件“世界各国国土面积农业用地.xlsx”。

2）使用公式计算出“农业用地比例”列数据，并设置按百分比“%”显示结果，小数取 2 位。

3）使用条件函数 IF 计算出“农业用地比例等级”列数据。具体条件是，“农业用地比例”数据大于等于 50%的评价为“优”，大于等于 40%且小于 50%的评价为“良”，大于等于 30%且小于 40%的评价为“一般”，小于 30%的评价为“较差”。

4）利用 RANK 函数按国土面积从大到小的顺序计算出“国土面积排名”列数据（说明：不能对数据进行排序操作）。

5）使用单条件计数函数 COUNTIF 统计出国土面积大于 800 万平方公里的国家个数。

6）使用多条件计数函数 COUNTIFS 统计出国土面积大于 700 万平方公里且小于 1000 万平方公里的国家个数。

7）使用条件求和函数 SUMIF 计算出农业用地面积大于 200 万平方公里的国家国土面积总和。

8）保存文件。

3．任务实现

步骤 1：打开工作簿文件“世界各国国土面积农业用地.xlsx”。

在素材文件夹中找到文件“世界各国国土面积农业用地.xlsx”并双击它即可打开。

步骤 2：计算农业用地比例。

1）在工作表 Sheet1 的单元格 E3 中输入公式"=D3/C3"，然后按 Enter 键或单击"输入"按钮确认输入，结果如图 4-32 所示。

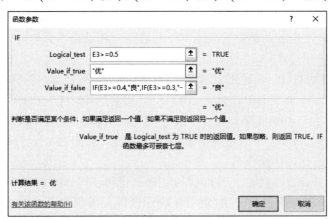

图 4-32　输入公式后结果

2）选中单元格 E3，单击"开始"选项卡"数字"选项组右下角的对话框启动器，在弹出的"设置单元格格式"对话框中的"数字"选项卡中选择分类为"百分比"，设置小数位数为 2。拖动单元格 E3 的填充柄至单元格 E18，完成公式的复制填充。

步骤 3：计算"农业用地比例等级"列数据。

1）选中工作表 Sheet1 的单元格 F3，单击编辑栏前的"插入函数"按钮，在弹出的"插入函数"对话框中选择"IF"函数，单击"确定"按钮。在弹出的"函数参数"对话框的"Logical_test"文本框中输入判定条件"E3>=0.5"，在"Value_if_true"文本框中输入"优"，在"Value_if_false"文本框中输入表达式"IF(E3>=0.4,"良",IF(E3>=0.3,"一般","较差"))"，如图 4-33 所示，单击"确定"按钮。此时若选中单元格 F3，在编辑栏中显示的公式为"=IF(E3>=0.5,"优",IF(E3>=0.4,"良",IF(E3>=0.3,"一般","较差")))"。

图 4-33　函数 IF 的"函数参数"对话框中设置的参数

2）拖动单元格 F3 的填充柄至单元格 F18，完成公式的复制填充。

步骤 4：计算国土面积排名。

1）选中工作表 Sheet1 的单元格 G3，单击编辑栏前的"插入函数"按钮，在弹出的"插入函数"对话框中选择"RANK"函数（图 4-34），单击"确定"按钮。在弹出的"函数参数"对话框（图 4-35）的"Number"文本框中输入参加排序数据所在的单元格 C3，在"Ref"文本框中输入排序数据列表的绝对引用"$C$3:$C$18"，单击"确定"按钮。

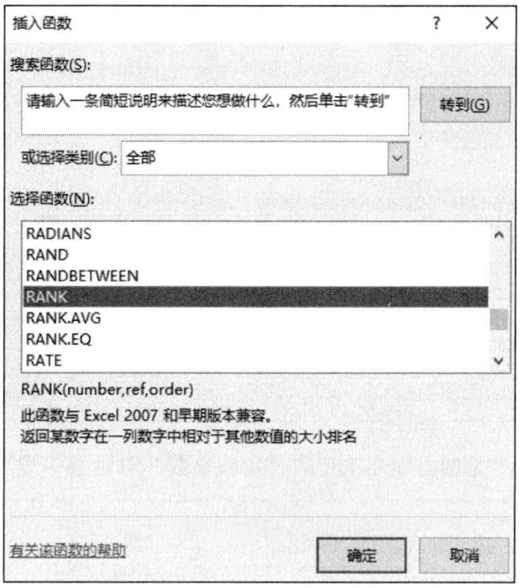

图 4-34　在"插入函数"对话框中选择函数"RANK"

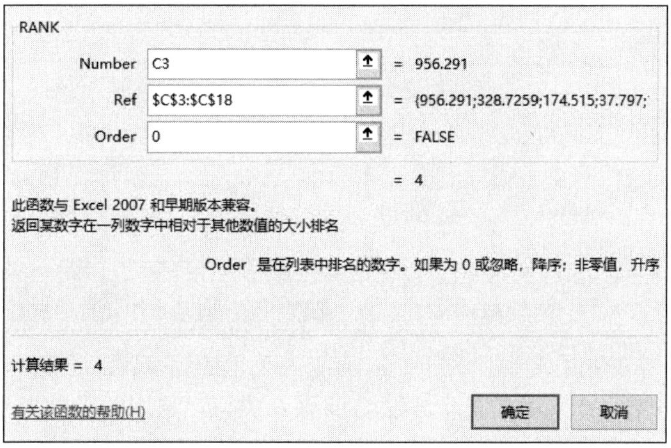

图 4-35　函数 RANK 的"函数参数"对话框中设置的参数

2）拖动单元格 G3 的填充柄至单元格 G18，完成公式的复制填充。

步骤 5：统计国土面积大于 800 万平方公里的国家个数。

选中单元格 G22，单击编辑栏前的"插入函数"按钮，在弹出的"插入函数"对话框中选择"COUNTIF"函数，单击"确定"按钮。在弹出的"函数参数"对话框（图 4-36）的"Range"文本框中输入计数区域 C3:C18，在"Criteria"文本框中输入计数条件">800"，单击"确定"按钮。若单击选中单元格 G22，在编辑栏中显示的公式为"=COUNTIF(C3:C18,">800")"。

步骤 6：统计国土面积大于 700 万平方公里且小于 1000 万平方公里的国家个数。

选中单元格 G23，调用函数 COUNTIFS，相应的"函数参数"对话框中的参数设置如图 4-37 所示，单击"确定"按钮。选中单元格 G23，在编辑栏中显示的公式为"=COUNTIFS(C3:C18,">700",C3:C18,"<1000")"。

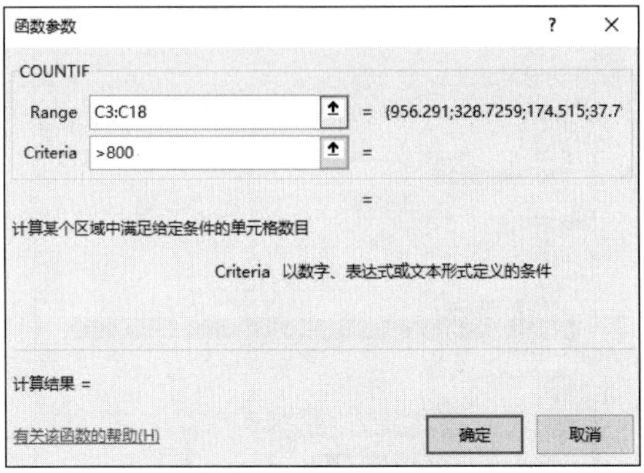

图 4-36　函数 COUNTIF 的"函数参数"对话框中设置的参数

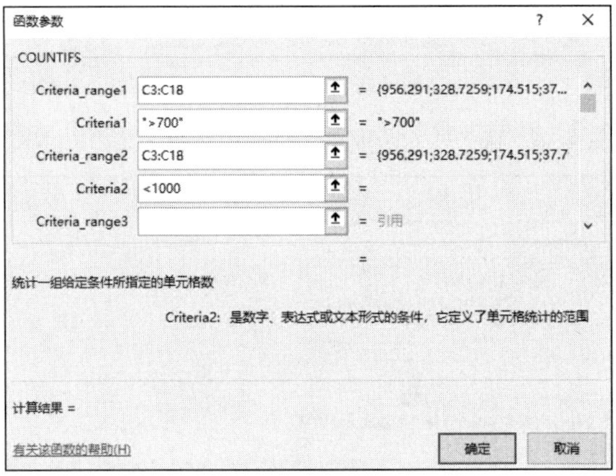

图 4-37　函数 COUNTIFS 的"函数参数"对话框中设置的参数

步骤 7：计算农业用地面积大于 200 万平方公里的国家国土面积总和。

选中单元格 G24，下面的操作方法与步骤 6 类似，选用的函数为"SUMIF"，相应的"函数参数"对话框中的参数设置如图 4-38 所示。若选中单元格 G24，在编辑栏中显示的公式为"=SUMIF(D3:D18,">200",C3:C18)"。

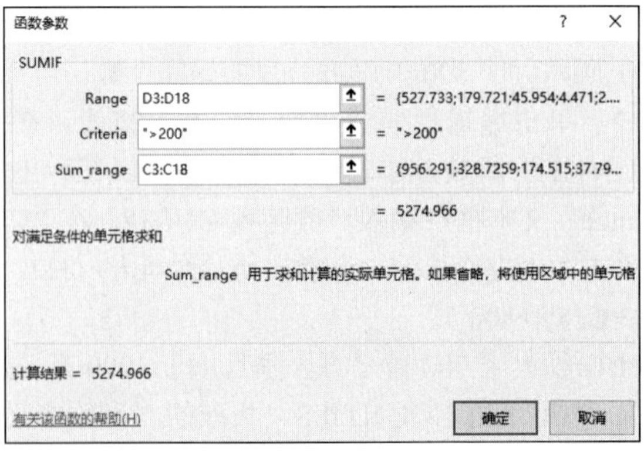

图 4-38　函数 SUMIF 的"函数参数"对话框中设置的参数

步骤 8：保存文件。

至此，数据表已按要求完成操作，单击"保存"按钮将文件及时保存。

4.2.7　拓展训练

在素材文件夹中找到并打开"职工年龄统计表.xlsx"，工作表"年龄统计表"中已有的数据清单如表 4-39 所示。要求利用已学的函数计算出表中各项统计值，完成后的效果如图 4-40 所示。

图 4-39　工作表"年龄统计表"中的原数据清单

图 4-40　完成后的工作表"年龄统计表"中的数据清单

使用统计函数
进行数据分析

4.3　数据统计与分析

📚 **学习目标**

- 熟悉数据清单的概念。
- 掌握记录的排序操作方法。
- 掌握记录的筛选操作方法。
- 掌握记录的分类汇总操作方法。

4.3.1　数据清单的概念

数据库（也称为表）是以相同结构方式存储的数据集合。在 Excel 2019 中，数据清单作为一个数据库来看待。数据清单应是一连续的数据区域，数据清单的第一行称为标题行，由字段名组成。除标题行外，数据清单中的每一行数据称为一条记录，每个记录中包含信息内容的各项称为字段。

4.3.2 记录排序

记录排序是指对数据清单的数据记录按某一标准重新排列。若字段值是文本，则按 ASCII 码或内码进行排序；若是汉字则默认按第一个汉字拼音的首字母进行排序，也可以设置按汉字笔画多少进行排序。

1. 简单数据排序

在排序时只是按照数据清单中的某一字段（关键字）进行的排序称为简单排序。

例如，需要对如图 4-41 所示的家电销售统计表中的记录按销售总额从高到低进行排序。操作方法：选中"销售总额"列的任意数据单元格，单击"数据"选项卡"排序和筛选"选项组中的"降序"按钮（"升序"按钮为从低到高排序，如图 4-42 所示）即可，排序结果如图 4-43 所示。

	A	B	C	D	E	F	G	H
1	日期	地区	产品	型号	数量	单价	销售总额	
2	2020/9/12	广州	音响	JP-001	33	8000	264000	
3	2020/9/12	广州	音响	JP-002	23	8200	188600	
4	2020/9/12	广州	洗衣机	AQH-01	18	1600	28800	
5	2020/9/12	上海	洗衣机	AQH-02	20	1800	36000	
6	2020/9/12	北京	微波炉	NN-K01	43	4050	174150	
7	2020/9/12	北京	微波炉	NN-K02	25	4150	103750	
8	2020/9/12	北京	微波炉	NN-K03	20	4200	84000	
9	2020/9/12	上海	微波炉	NN-K04	23	4100	94300	
10	2020/9/12	北京	电冰箱	RS-201	30	1690	50700	
11	2020/9/12	北京	电冰箱	RS-202	19	1290	24510	
12	2020/9/12	广州	电冰箱	BY-301	55	2010	110550	
13	2020/9/12	上海	电冰箱	BY-302	50	2310	115500	
14	2020/9/12	北京	彩电	BJ-201	20	5900	118000	
15	2020/9/12	北京	彩电	BJ-202	15	6200	93000	

家电销售统计表　特定顺序排序 …

图 4-41　家电销售统计表 　　　　　　　图 4-42　"升序"和"降序"按钮

	A	B	C	D	E	F	G	H
1	日期	地区	产品	型号	数量	单价	销售总额	
2	2020/9/12	广州	音响	JP-001	33	8000	264000	
3	2020/9/12	广州	音响	JP-002	23	8200	188600	
4	2020/9/12	北京	微波炉	NN-K01	43	4050	174150	
5	2020/9/12	北京	彩电	BJ-201	20	5900	118000	
6	2020/9/12	上海	电冰箱	BY-302	50	2310	115500	
7	2020/9/12	广州	电冰箱	BY-301	55	2010	110550	
8	2020/9/12	北京	微波炉	NN-K02	25	4150	103750	
9	2020/9/12	上海	微波炉	NN-K04	23	4100	94300	
10	2020/9/12	北京	彩电	BJ-202	15	6200	93000	
11	2020/9/12	北京	微波炉	NN-K03	20	4200	84000	
12	2020/9/12	上海	彩电	BJ-102	20	3800	76000	
13	2020/9/12	广州	彩电	BJ-101	18	3600	64800	
14	2020/9/12	北京	电冰箱	RS-201	30	1690	50700	
15	2020/9/12	上海	洗衣机	AQH-02	20	1800	36000	

家电销售统计表　特定顺序排序 …

图 4-43　按销售总额降序排序后的家电销售统计数据清单

2. 复杂数据排序

在排序时若需要按两个或两个以上字段（关键字）的值进行排序，则称为复杂排序。

例如，需要对如图 4-41 所示的家电销售统计表中的记录按数量降序排序，若数量相同则再按单价降序排序。操作方法：单击数据清单中的任意数据单元格，单击"数据"选项卡"排序和筛选"选项组中的"排序"按钮，弹出"排序"对话框。主要关键字选择"数量"，排序次序选择"降序"，单击"添加条件"按钮；次要关键字选择"单价"，排序次序选择"降序"，如图 4-44 所示，然后单击"确定"按钮。排序后的效果如图 4-45 所示。

图 4-44　"排序"对话框

	A	B	C	D	E	F	G	H
1	日期	地区	产品	型号	数量	单价	销售总额	
2	2020/9/12	广州	电冰箱	BY-301	55	2010	110550	
3	2020/9/12	上海	电冰箱	BY-302	50	2310	115500	
4	2020/9/12	北京	微波炉	NN-K01	43	4050	174150	
5	2020/9/12	广州	音响	JP-001	33	8000	264000	
6	2020/9/12	北京	电冰箱	RS-201	30	1690	50700	
7	2020/9/12	北京	微波炉	NN-K02	25	4150	103750	
8	2020/9/12	广州	音响	JP-002	23	8200	188600	
9	2020/9/12	上海	微波炉	NN-K04	23	4100	94300	
10	2020/9/12	北京	彩电	BJ-201	20	5900	118000	
11	2020/9/12	北京	微波炉	NN-K03	20	4200	84000	
12	2020/9/12	上海	彩电	BJ-102	20	3800	76000	
13	2020/9/12	上海	洗衣机	AQH-02	20	1800	36000	
14	2020/9/12	北京	电冰箱	RS-202	19	1290	24510	
15	2020/9/12	广州	彩电	BJ-101	18	3600	64800	

家电销售统计表　特定顺序排序 …

数据排序技巧

图 4-45　按双字段排序后的家电销售统计表

3．部分数据记录的排序

在排序时若只是数据清单中的部分记录参加排序，则操作时应先选择参加排序的数据记录区域，再进行排序操作。

例如，需要对如图 4-46 所示的家电销售统计表中的记录按销售总额升序排序，且平均值行不参加排序。操作方法：先选择数据清单中参加排序的数据记录区域 A1:G17，再单击"数据"选项卡"排序和筛选"选项组中的"排序"按钮，弹出"排序"对话框，主要关键字选择"销售总额"，排序次序选择"升序"，然后单击"确定"按钮。排序后的效果如图 4-47 所示。

图 4-46　有平均值行的家电销售统计表

图 4-47　按销售总额升序排序（平均值行不参加排序）后的家电销售统计表

4.3.3　自动筛选

通过筛选，可显示数据清单中符合特定条件的记录，而把不符合条件的记录隐藏起来，从而快速而又方便地查找到所需的记录。对于筛选后的记录，可直接进行复制、查找、编辑、设置格式、制作图表和打印等操作。

例如，需要对如图 4-41 所示的家电销售统计表中的记录进行筛选，要求筛选出销售总额大于等于 50000 且数量大于 25 的记录。操作方法：单击数据表中的任意单元格，单击"数据"选项卡"排序和筛选"选项组中的"筛选"按钮，如图 4-48 所示，此时在表中的每个字段后都将出现筛选条件设置按钮，如图 4-49 所示。单击"销售总额"字段的筛选条件设置按钮，在弹出的下拉列表中选择"数字筛选"选项，在"数字筛选"子菜单中选择"大于或等于"选项，如图 4-50 所示。在弹出的"自定义自动筛选方式"对话框的"大于或等于"文本框中输入 50000，如图 4-51 所示，然后单击"确定"按钮。使用类似的方法再设置筛选条件为"数量大于 25"。筛选后的结果如图 4-52 所示。

图 4-48　"筛选"按钮

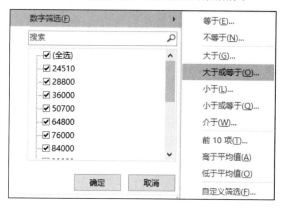

图 4-49 带筛选条件设置按钮的数据清单

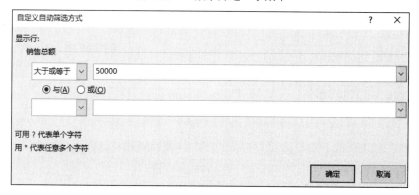

图 4-50 "数字筛选"子菜单

图 4-51 "自定义自动筛选方式"对话框

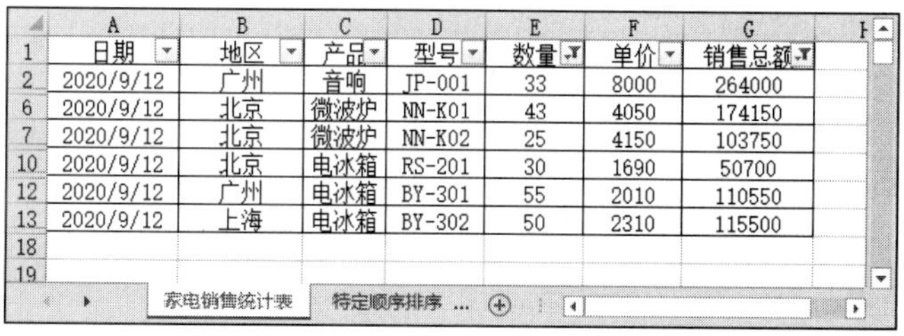

图 4-52 自动筛选后的结果

筛选与高级
筛选的应用

4.3.4 高级筛选

在实际应用中，常常会用到更复杂的筛选条件，利用自动筛选可能已无法完成，这时就需要使用高级筛选功能。

要使用高级筛选，首先应在工作表中空白区域根据筛选条件设置好条件区域。条件区域的首行中包含的字段名必须与相应数据清单中的字段名一致，但条件区域内不一定包含数据清单中的所有字段名。条件区域的字段名下面至少有一行用来定义相应字段的筛选条件。

各个字段间的条件关系分为"与"和"或"两种。

设置"与"复合条件：设置条件区域时，如果在各字段名下方的同一行中输入条件，那么系统会认为所有条件都成立时，才算是符合筛选条件。

设置"或"复合条件：设置条件区域时，如果分别在各字段名下方的不同行中输入条件，则系统会认为只要符合其中任何一个条件就算符合筛选条件。

例如，需要对如图 4-41 所示的家电销售统计表中的记录进行高级筛选，筛选条件：数量大于 30 或单价大于 5000。操作方法：在一空白区域设置好条件区域（图4-53），单击家电销售统计表中的任意单元格，再单击"数据"选项卡"排序和筛选"选项组中的"高级"按钮，在弹出的"高级筛选"对话框中设置好列表区域和条件区域（图 4-54），单击"确定"按钮。高级筛选后的结果如图 4-55 所示。若筛选条件改成"数量大于 30 且单价大于 5000"，则只需把条件区域改成如图 4-56 所示即可；若筛选条件改成"数量大于 30 且小于 40，或单价大于 5000"，则只需把条件区域改成如图 4-57 所示即可。

图 4-53　条件区域　　　　　　　　　　　图 4-54　"高级筛选"对话框

图 4-55　高级筛选后的结果

数量	单价
>30	5000

图 4-56　条件"数量大于 30 且单价
大于 5000"的条件区域

数量	数量	单价
>30	<40	
		5000

图 4-57　条件"数量大于 30 且小于 40,
或单价大于 5000"的条件区域

4.3.5　分类汇总

在数据清单中,对记录按某一字段的内容进行分类,即把该字段值相同的记录归为一类,然后对每一类进行统计(如求和、求平均值、计数等)的操作称为分类汇总。

用户在使用分类汇总前,必须先对数据清单中按要分类汇总的字段进行排序,从而使相同字段值的记录排列在相邻的行中,以便于正确显示分类汇总结果。

例如,对如图 4-41 所示的家电销售统计表进行分类汇总,要求统计出销售总额之和及各产品的销售总额之和。操作方法:对数据清单按产品列数据进行排序(如降序排序),单击数据清单中的任意单元格,然后单击"数据"选项卡"分级显示"选项组中的"分类汇总"按钮,如图 4-58 所示,在弹出的"分类汇总"对话框中设置分类字段、汇总方式、选定汇总项,如图 4-59 所示,然后单击"确定"按钮。分类汇总后的效果如图 4-60 所示。

分类汇总后,汇总结果将以分级显示方式显示汇总数据和明细数据,并在工作表的左上角显示 3 个用于显示不同级别分类汇总结果的按钮,分别单击它们将显示不同级别的分类汇总结果。例如,单击级别"2"按钮后显示的效果如图 4-61 所示。

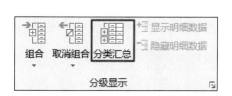

图 4-58　"分类汇总"按钮

图 4-59　"分类汇总"对话框

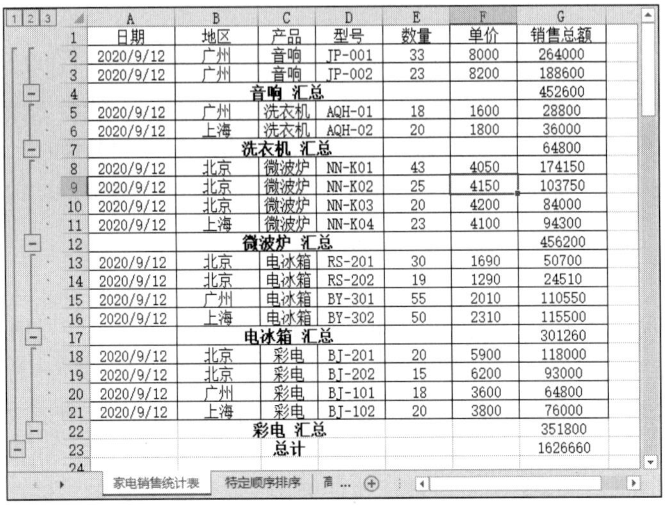

	A	B	C	D	E	F	G
1	日期	地区	产品	型号	数量	单价	销售总额
2	2020/9/12	广州	音响	JP-001	33	8000	264000
3	2020/9/12	广州	音响	JP-002	23	8200	188600
4			音响 汇总				452600
5	2020/9/12	广州	洗衣机	AQH-01	18	1600	28800
6	2020/9/12	上海	洗衣机	AQH-02	20	1800	36000
7			洗衣机 汇总				64800
8	2020/9/12	北京	微波炉	NN-K01	43	4050	174150
9	2020/9/12	北京	微波炉	NN-K02	25	4150	103750
10	2020/9/12	北京	微波炉	NN-K03	20	4200	84000
11	2020/9/12	上海	微波炉	NN-K04	23	4100	94300
12			微波炉 汇总				456200
13	2020/9/12	北京	电冰箱	RS-201	30	1690	50700
14	2020/9/12	北京	电冰箱	RS-202	19	1290	24510
15	2020/9/12	广州	电冰箱	BY-301	55	2010	110550
16	2020/9/12	上海	电冰箱	BY-302	50	2310	115500
17			电冰箱 汇总				301260
18	2020/9/12	北京	彩电	BJ-201	20	5900	118000
19	2020/9/12	北京	彩电	BJ-202	15	6200	93000
20	2020/9/12	广州	彩电	BJ-101	18	3600	64800
21	2020/9/12	上海	彩电	BJ-102	20	3800	76000
22			彩电 汇总				351800
23			总计				1626660

图 4-60　分类汇总后的效果

	A	B	C	D	E	F	G
1	日期	地区	产品	型号	数量	单价	销售总额
4			音响 汇总				452600
7			洗衣机 汇总				64800
12			微波炉 汇总				456200
17			电冰箱 汇总				301260
22			彩电 汇总				351800
23			总计				1626660

图 4-61　单击级别“2”按钮后的分类汇总效果

分类汇总统计分析

若要撤销分类汇总的操作，只要重新打开“分类汇总”对话框，然后单击“全部删除”按钮即可。

4.3.6　任务——统计与分析“世界各国人均 GDP”数据

1. 任务描述

在 Excel 2019 中，对于已经生成的数据表在实际应用中往往需要进行相应的数据统计与分析。本任务将对如图 4-62 所示的“世界各国人均 GDP”数据进行相应的数据统计与分析操作。

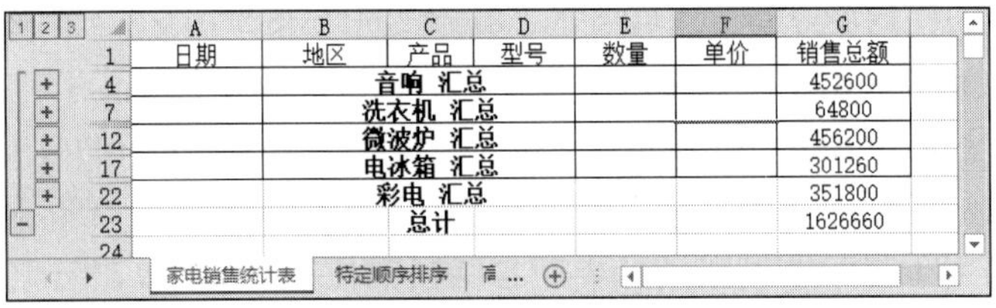

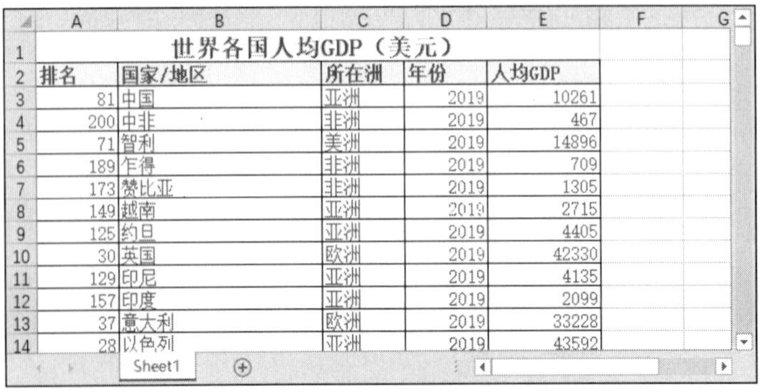

	A	B	C	D	E
1	世界各国人均GDP（美元）				
2	排名	国家/地区	所在洲	年份	人均GDP
3	81	中国	亚洲	2019	10261
4	200	中非	非洲	2019	467
5	71	智利	美洲	2019	14896
6	189	乍得	非洲	2019	709
7	173	赞比亚	非洲	2019	1305
8	149	越南	亚洲	2019	2715
9	125	约旦	亚洲	2019	4405
10	30	英国	欧洲	2019	42330
11	129	印尼	亚洲	2019	4135
12	157	印度	亚洲	2019	2099
13	37	意大利	欧洲	2019	33228
14	28	以色列	亚洲	2019	43592

图 4-62　世界各国人均 GDP

2．任务分析

为了完成本任务，首先需要熟练掌握 Excel 2019 的排序、筛选、高级筛选、分类汇总的功能及操作方法，明确什么效果该采用哪种命令进行操作。

要完成本任务，具体操作如下：

1）打开素材文件夹中的工作簿文件"世界各国人均 GDP.xlsx"。

2）把工作表 Sheet1 中的数据清单分别复制到工作表 Sheet2、Sheet3、Sheet4、Sheet5、Sheet6、Sheet7、Sheet8、Sheet9 中。

3）对工作表 Sheet2 中的数据清单按所在洲数据的升序排序。

4）对工作表 Sheet3 中的数据清单按所在洲数据的升序、人均 GDP 的降序排列。

5）对工作表 Sheet4 中的数据清单按所在洲的"亚洲、欧洲、美洲、非洲、大洋洲"顺序排序。

6）对工作表 Sheet5 中的数据清单利用自动筛选功能，筛选出亚洲且排名在世界前 30 的国家。

7）对工作表 Sheet6 中的数据清单利用自动筛选功能，筛选出亚洲和美洲中世界排名在前 20 的国家。

8）对工作表 Sheet7 中的数据清单利用高级筛选功能，筛选出人均 GDP 在 10000～12000 之间或世界排名在前 5 的国家。

9）对工作表 Sheet8 中的数据清单利用"分类汇总"命令，统计出各洲及所有洲的人均 GDP 平均值，结果显示为第 2 级。

10）对工作表 Sheet9 中的数据清单利用"分类汇总"命令，统计出各洲及全世界的国家数量（显示在"所在洲"列），结果显示为第 2 级。

11）保存文件。

3．任务实现

步骤 1：打开工作簿文件"世界各国人均 GDP.xlsx"。

在素材文件夹中找到文件"世界各国人均 GDP.xlsx"并双击即可打开该文件。

步骤 2：复制数据清单。

选中工作表 Sheet1 中的数据清单，单击"开始"选项卡"剪贴板"选项组中的"复制"按钮，选中工作表 Sheet2 中的单元格 A1，单击"开始"选项卡"剪贴板"选项组中的"粘贴"按钮。使用同样的方法将工作表 Sheet1 中的数据清单分别复制到工作表 Sheet3、Sheet4、Sheet5、Sheet6、Sheet7、Sheet8、Sheet9 中。

步骤 3：按所在洲数据的升序排序。

单击工作表 Sheet2 中"所在洲"列数据的任意单元格，单击"数据"选项卡"排序和筛选"选项组中的"升序"按钮"，排序后的结果如图 4-63 所示。

步骤 4：按所在洲数据的升序、人均 GDP 的降序排列。

单击工作表 Sheet3 中数据清单中的任意单元格，单击"数据"选项卡"排序和筛选"选项组中的"排序"按钮，弹出"排序"对话框，主要关键字选择"所在洲"，排序次序选择"升序"，单击"添加条件"按钮；次要关键字选择"人均 GDP"，排序次序选择"降序"，如图 4-64 所示，然后单击"确定"按钮。排序后的结果如图 4-65 所示。

	A	B	C	D	E	F	G
1		世界各国人均GDP（美元）					
2	排名	国家/地区	所在洲	年份	人均GDP		
3	31	新西兰	大洋洲	2019	42084		
4	145	瓦努阿图	大洋洲	2019	3115		
5	130	图瓦卢	大洋洲	2019	4059		
6	118	汤加	大洋洲	2019	4903		
7	152	所罗门群岛	大洋洲	2019	2373		
8	127	萨摩亚	大洋洲	2019	4324		
9	70	帕劳	大洋洲	2019	14901		
10	86	瑙鲁	大洋洲	2019	9396		
11	137	密克罗尼西亚联邦	大洋洲	2018	3568		
12	76	美属萨摩亚	大洋洲	2018	11466		
13	134	马绍尔群岛	大洋洲	2018	3788		
14	164	基里巴斯	大洋洲	2019	1655		
15	35	关岛	大洋洲	2013	35712		
16	108	斐济群岛	大洋洲	2019	6175		
17	51	北马里亚纳群岛	大洋洲	2018	23258		
18	147	巴布亚新几内亚	大洋洲	2019	2829		
19	17	澳大利亚	大洋洲	2019	55060		
20	200	中非	非洲	2019	467		
21	189	乍得	非洲	2019	709		
22	173	赞比亚	非洲	2019	1305		

图 4-63　按"所在洲"列数据升序排序后的结果

图 4-64　设置"排序"对话框参数

	A	B	C	D	E	F	G
1		世界各国人均GDP（美元）					
2	排名	国家/地区	所在洲	年份	人均GDP		
3	17	澳大利亚	大洋洲	2019	55060		
4	31	新西兰	大洋洲	2019	42084		
5	35	关岛	大洋洲	2018	35712		
6	51	北马里亚纳群岛	大洋洲	2018	23258		
7	70	帕劳	大洋洲	2019	14901		
8	76	美属萨摩亚	大洋洲	2018	11466		
9	86	瑙鲁	大洋洲	2019	9396		
10	108	斐济群岛	大洋洲	2019	6175		
11	118	汤加	大洋洲	2019	4903		
12	127	萨摩亚	大洋洲	2019	4324		
13	130	图瓦卢	大洋洲	2019	4059		
14	134	马绍尔群岛	大洋洲	2018	3788		
15	137	密克罗尼西亚联邦	大洋洲	2018	3568		
16	145	瓦努阿图	大洋洲	2019	3115		
17	147	巴布亚新几内亚	大洋洲	2019	2829		
18	152	所罗门群岛	大洋洲	2019	2373		
19	164	基里巴斯	大洋洲	2019	1655		
20	61	塞舌尔	非洲	2019	17448		
21	78	毛里求斯	非洲	2019	11099		
22	92	赤道几内亚	非洲	2019	8131		

图 4-65　按所在洲数据的升序、人均 GDP 的降序排序后的结果

步骤 5：按所在洲的"亚洲、欧洲、美洲、非洲、大洋洲"顺序排序。

1）单击工作表 Sheet4 数据清单中的任意单元格，单击"数据"选项卡"排序和筛选"选项组中的"排序"按钮，弹出"排序"对话框，主要关键字选择"所在洲"，排序次序选择"自定义序列"，在弹出的"自定义序列"对话框的"输入序列"列表框中输入排序序列"亚洲,欧洲,美洲,非洲,大洋洲"，如图 4-66 所示。

2）单击"添加"按钮将其添加到"自定义序列"列表框中，然后选中排序序列"亚洲,欧洲,美洲,非洲,大洋洲"，如图 4-67 所示。

图 4-66　"自定义序列"对话框　　　　图 4-67　选中排序序列后的"自定义序列"对话框

3）单击"确定"按钮，再单击"排序"对话框的"确定"按钮，排序结果如图 4-68 所示。

排名	国家/地区	所在洲	年份	人均GDP
	世界各国人均GDP（美元）			
81	中国	亚洲	2019	10261
149	越南	亚洲	2019	2715
125	约旦	亚洲	2019	4405
129	印尼	亚洲	2019	4135
157	印度	亚洲	2019	2099
28	以色列	亚洲	2019	43592
114	伊朗	亚洲	2013	5550
112	伊拉克	亚洲	2019	5955
187	也门	亚洲	2019	774
122	亚美尼亚	亚洲	2019	4622
13	新加坡	亚洲	2019	65233
24	香港	亚洲	2019	48713
162	乌兹别克斯坦	亚洲	2019	1724
42	文莱	亚洲	2019	31086
102	土库曼斯坦	亚洲	2018	6966
95	泰国	亚洲	2019	7806
181	塔吉克斯坦	亚洲	2019	870
133	斯里兰卡	亚洲	2019	3853
53	沙特阿拉伯	亚洲	2019	23139
34	日本	亚洲	2019	40246

图 4-68　按自定义序列排序后的结果

步骤 6：利用自动筛选功能，筛选出亚洲且排名在世界前 30 的国家。

1）单击工作表 Sheet5 数据清单中的任意单元格，单击"数据"选项卡"排序和筛选"选项组中的"筛选"按钮，单击"所在洲"字段的筛选条件设置按钮，在弹出的下拉列表中选中“亚洲”复选框，如图 4-69 所示，然后单击“确定”按钮。

2）单击“人均 GDP”字段的筛选条件设置按钮，在弹出的下拉列表中选择“数字筛选”→“前 10 项”选项，如图 4-70 所示。在弹出的“自动筛选前 10 个”对话框中设置如图 4-71 所示的参数，然后单击“确定”按钮。筛选后的结果如图 4-72 所示。

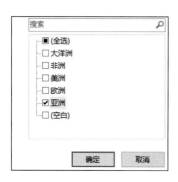

图 4-69　选中“亚洲”复选框

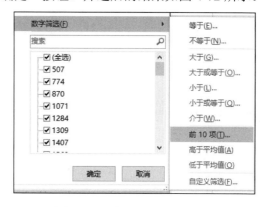

图 4-70　选择“前 10 项”选项

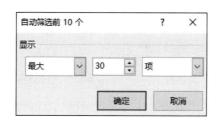

图 4-71　设置“前 30”选项参数

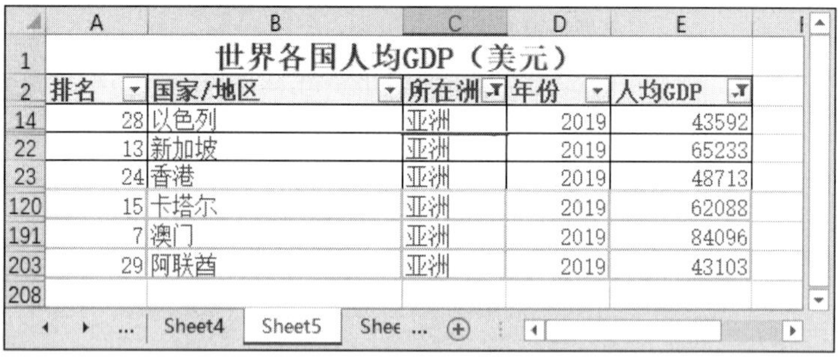

	A	B	C	D	E
1	世界各国人均GDP（美元）				
2	排名	国家/地区	所在洲	年份	人均GDP
14	28	以色列	亚洲	2019	43592
22	13	新加坡	亚洲	2019	65233
23	24	香港	亚洲	2019	48713
120	15	卡塔尔	亚洲	2019	62088
191	7	澳门	亚洲	2019	84096
203	29	阿联酋	亚洲	2019	43103
208					

图 4-72　筛选出亚洲且排名在世界前 30 的国家后的结果

步骤 7：利用自动筛选功能，筛选出亚洲和美洲中世界排名在前 20 的国家。

1）单击工作表 Sheet6 数据清单中的任意单元格，单击“数据”选项卡“排序和筛选”选项组中的“筛选”按钮，单击“所在洲”字段的筛选条件设置按钮，在弹出的下拉列表中选中“亚洲”和“美洲”复选框，如图 4-73 所示，然后单击“确定”按钮。

2）单击“人均 GDP”字段的筛选条件设置按钮，在弹出的下拉列表中选择“数字筛选”→“前 10 项”选项，在弹出的“自动筛选前 10 个”对话框中设置显示最大 20 项，然后单击“确定”按钮。筛选后的结果如图 4-74 所示。

图 4-73　选中"亚洲"和"美洲"复选框　　　　图 4-74　亚洲和美洲中世界排名在前 20 的国家

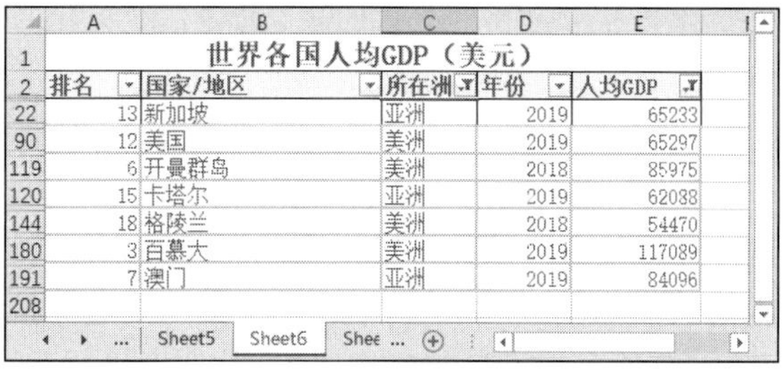

步骤 8：利用高级筛选功能，筛选出人均 GDP 在 10000～12000 之间或世界排名在前 5 的国家。

在工作表 Sheet7 的一空白区域（如 C208:E210）设置好条件区域，如图 4-75 所示。单击数据清单中的任意单元格，再单击"数据"选项卡"排序和筛选"选项组中的"高级"按钮，在弹出的"高级筛选"对话框中设置好列表区域和条件区域，如图 4-76 所示，然后单击"确定"按钮。筛选后的结果如图 4-77 所示。

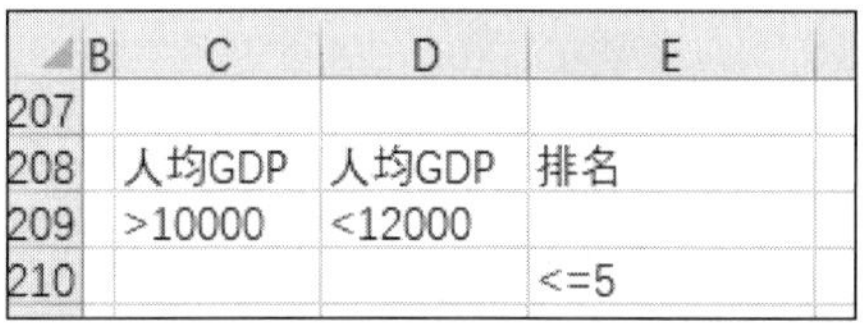

图 4-75　"人均 GDP 在 10000～12000 之间或世界　　图 4-76　"高级筛选"对话框中设置的参数
　　　　　排名在前 5"的条件区域

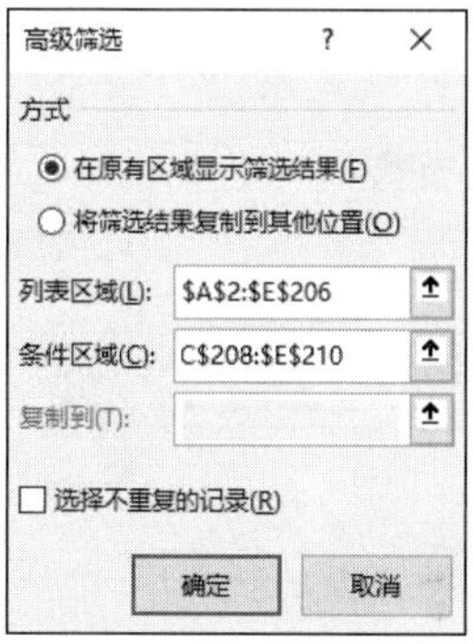

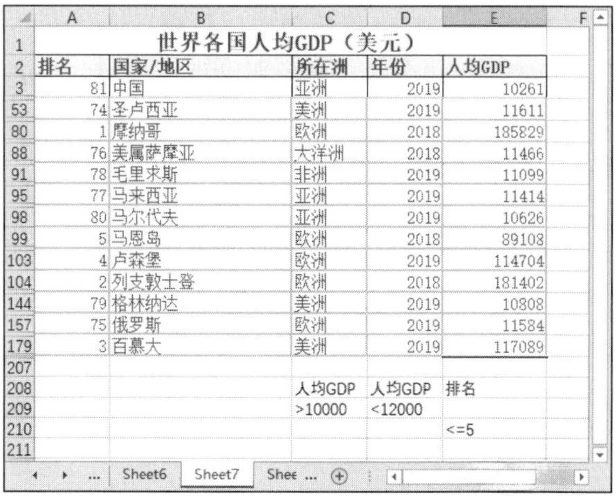

图 4-77　筛选结果

步骤9：利用"分类汇总"命令，统计出各洲及所有洲的人均 GDP 平均值，结果显示为第 2 级。

1）对在工作表 Sheet8 的数据清单按"所在洲"列数据进行排序（如降序排序）。

2）单击数据清单的任意单元格，然后单击"数据"选项卡"分级显示"选项组中的"分类汇总"按钮，在弹出的"分类汇总"对话框中设置分类字段、汇总方式、选定汇总项，如图 4-78 所示，然后单击"确定"按钮。

3）单击左上角的级别"2"按钮，结果如图 4-79 所示。

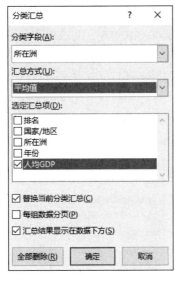

图 4-78 "分类汇总"对话框中设置的参数 1

图 4-79 各洲及所有洲的人均 GDP 平均值

步骤10：利用"分类汇总"命令，统计出各洲及全世界的国家数量（显示在"所在洲"列），结果显示为第 2 级。

1）对在工作表 Sheet9 的数据清单按"所在洲"列数据进行排序（如降序排序）。

2）单击数据清单的任意单元格，然后单击"数据"选项卡"分级显示"选项组中的"分类汇总"按钮，在弹出的"分类汇总"对话框中设置分类字段、汇总方式、选定汇总项，如图 4-80 所示，然后单击"确定"按钮。

3）单击左上角的级别"2"按钮，结果如图 4-81 所示。

步骤11：保存文件。

至此，电子表格已按要求统计与分析完成，单击"保存"按钮将文件及时保存。

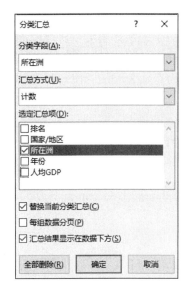

图 4-80　"分类汇总"对话框中
　　　　　设置的参数 2

图 4-81　各洲及全世界的国家数量

4.3.7　拓展训练

在素材文件夹中找到并打开"公务员考试成绩表.xlsx",在工作表 Sheet1 中已有的数据清单如表 4-82 所示。

2020年公务员考试成绩表													
报考单位	报考职位	准考证号	姓名	性别	出生年月	学历	学位	笔试成绩	笔试成绩比例分	面试成绩	面试成绩比例分	总成绩	排名
市高院	法官(刑事)	050008502132	董江波	女	1993/03/09	博士研究生	博士	154.00	46.20	68.75	27.50	73.70	11
区法院	法官(刑事)	050008505460	傅珊珊	男	1993/09/15	本科	学士	136.00	40.80	90.00	36.00	76.80	5
一中院	法官(刑事)	050008501144	谷金力	女	1991/12/04	博士研究生	博士	134.00	40.20	89.75	35.90	76.10	6
市高院	法官(刑事)	050008503756	何再前	女	1969/05/04	本科	学士	142.00	42.60	76.00	30.40	73.00	12
三中院	法官(民事、行政)	050008502813	何宗文	男	1994/08/12	大专	无	148.50	44.55	74.75	74.85	7	
三中院	法官(民事、行政)	050008503258	胡孙权	男	1980/09/28	本科	学士	147.00	44.10	89.75	35.90	80.00	2
市高院	法官(民事、行政)	050008500383	黄威	男	1999/09/04	硕士研究生	硕士	134.50	40.35	76.75	30.70	71.05	13
区法院	法官(民事、行政)	050008502550	黄芯	男	1999/09/16	本科	学士	136.00	40.80	95.00	35.80	76.60	4
市高院	法官(民事、行政)	050008504650	贾丽娜	男	1993/11/04	硕士研究生	硕士	143.00	42.90	78.00	31.20	74.10	9
三中院	法官(民事、行政)	050008501072	贾红雪	男	1990/10/11	本科	学士	142.00	42.60	85.75	26.10	79.00	8

图 4-82　工作表 Sheet1 中数据清单

1)在工作表 Sheet1 后插入 7 个工作表 Sheet2、Sheet3、Sheet4、Sheet5、Sheet6、Sheet7、Sheet8,把工作表 Sheet1 中的数据清单分别复制到各新工作表中。

2)对工作表 Sheet2 中的数据清单按排名的升序排序。

3)对工作表 Sheet3 中的数据清单按自定义序列"博士,硕士,学士,无"进行排序。

4)对工作表 Sheet4 中的数据清单利用自动筛选功能,筛选出博士且排名在前 10 的记录。

5)对工作表 Sheet5 中的数据清单利用自动筛选功能,筛选出姓"肖"的男考生记录。

6)对工作表 Sheet6 中的数据清单利用高级筛选功能,筛选出博士或总成绩大于等于 80 的记录。

7）对工作表 Sheet7 中的数据清单利用"分类汇总"命令，统计出男生、女生的人数及总人数，人数显示在"出生年月"列。

8）对工作表 Sheet8 中的数据清单利用"分类汇总"命令，分类统计出每种学位考生的平均总成绩及所有考生的平均总成绩。

4.4　Excel 图表与数据透视表的应用

 学习目标

- 掌握图表的创建与编辑方法。
- 掌握数据透视表与数据透视图的创建与编辑方法。
- 掌握数据透视表中切片器的使用方法。

4.4.1　图表的创建与编辑

在 Excel 2019 中可以方便地实现数据的图表化。通过图表能生动、形象地表示出数据的组成情况，直观、清晰地显示出不同数据间的差异。

1. 创建图表

创建图表是将单元格区域中的数据以图表的形式加以显示，从而可以更直观地分析、观察数据。

例如，根据如图 4-83 所示的产品销量的月份、销售比例两列数据生成三维饼图。操作方法：同时选中"月份"列（A2:A8）和"销售比例"列（C2:C8）两列数据，单击"插入"选项卡"图表"选项组中的"插入饼图或圆环图"下拉按钮，在弹出的下拉列表中选择"三维饼图"选项，如图 4-84 所示，即在当前工作表中生成如图 4-85 所示的图表。

2020年上半年产品销量		
月份	销售量	销售比例
一月	1580	18%
二月	2030	24%
三月	1222	14%
四月	1162	14%
五月	1339	16%
六月	1213	14%

图 4-83　图书销量表

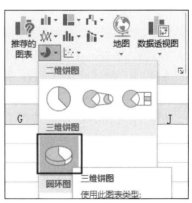

图 4-84　选择"三维饼图"

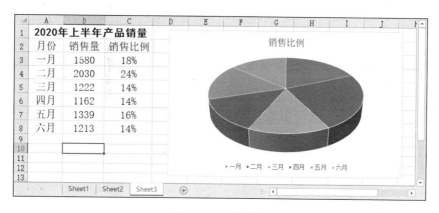

图 4-85　三维饼图

2. 编辑图表

创建图表之后，为了使图表具有更美观、更实用的效果，往往需要对图表进行编辑修改，如调整图表大小、为图表添加数据标签及改变图表布局、图表样式、文字格式、坐标轴刻度等，也可以更改图表类型。

例如，要对所生成的图 4-85 所示的图表进行修改。要求：图表布局使用"布局 2"，图表样式使用"样式 8"，并使最大比例的颜色块单独显示。操作方法，单击图表，在"图表工具-设计"选项卡"图表布局"选项组中单击"快速布局"下拉按钮，在弹出的下拉列表中选择"布局 2"选项，如图 4-86 所示；在"图表样式"选项组中选择"样式 8"，单击两次三维饼图中最大的颜色块并拖离饼图，最后的效果如图 4-87 所示。

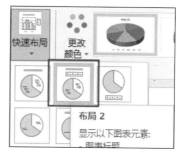

图 4-86　"布局 2"图表布局

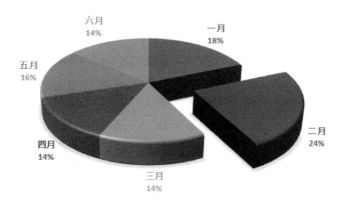

图 4-87　修改后的三维饼图

当数据图表生成之后，若修改了原数据清单中的数据，则图表中的相应对象会自动修改；反之，若修改了图表中的对象，数据清单中的相应数据也会自动更新。

要清除或删除图表，只要选中图表后，按 Delete 键即可；也可以右击图表，在弹出的快捷菜单中选择"清除"或"剪切"选项。

4.4.2 数据透视表及数据透视图的创建

数据透视表是对数据清单中的数据进行汇总、统计的数据分析工具，是一种交互式的分析表格。数据透视图是以图表的形式直观地显示出数据透视表中的数据，方便对数据进行分析。

例如，根据如图 4-88 所示的停车收费表创建数据透视表及数据透视图，以便显示每种车型、每种单价的收费汇总情况。操作方法：单击数据清单中的任意单元格，然后单击"插入"选项卡"图表"选项组中的"数据透视图"按钮，如图 4-89 所示，在弹出的"创建数据透视图"对话框中设置"表/区域"参数及数据透视图的存放位置，如图 4-90 所示，单击"确定"按钮。在弹出的"数据透视图字段"窗格中，将"车型"字段拖到"轴（类别）"列表框中，将"单价"字段拖到"图例（系列）"列表框中，将"应付金额"字段拖到"值"列表框中，如图 4-91 所示。所生成的数据透视表及数据透视图如图 4-92 所示。

图 4-88　停车收费表

图 4-89　"数据透视图"按钮

数据透视表图
表建立与美化

图 4-90　"创建数据透视图"对话框

图 4-91　"数据透视图字段"窗格

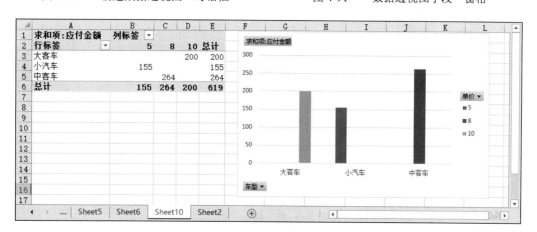

图 4-92　数据透视表及数据透视图

4.4.3　数据透视表中切片器的使用

切片器是 Excel 2019 数据透视表功能的延伸和补充，它是数据透视表的一种筛选组件，能够快速地筛选出数据透视表中的所需数据。

例如，要对所生成的如图 4-92 所示的数据透视表及数据透视图添加一个"车型"切片器，以便能分别选择显示每种车型的数据透视表及数据透视图。操作方法：单击数据透视表中的任意单元格，然后单击"数据透视表工具-分析"选项卡"筛选"选项组中的"插入切片器"按钮，如图 4-93 所示，在弹出的"插入切片器"对话框中选择"车型"字段，单击"确定"按钮。然后在"车型"切片器中选择"小汽车"类型，结果如图 4-94 所示。

图 4-93　"插入切片器"按钮

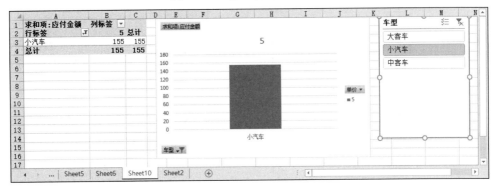

图 4-94　使用切片器后的结果

4.4.4　任务——世界部分国家 GDP 图表分析

1. 任务描述

本任务将对世界部分国家的 GDP 数据进行图表展示及统计分析，其中一份图表的显示效果如图 4-95 所示。

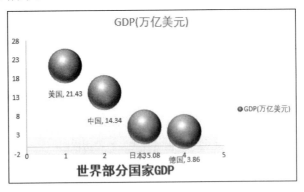

图 4-95　根据数据清单生成的气泡图

2. 任务分析

为了完成本任务，首先需要熟练掌握 Excel 2019 图表、数据透视表、数据透视图的功能及其创建与编辑的操作方法，明确什么效果该采用哪种图表。

要完成本任务，具体操作如下：

1）打开素材文件夹中的工作簿文件"世界部分国家 GDP.xlsx"。

2）根据工作表 Sheet1 中数据清单的"国家""GDP（万亿美元）"两列数据创建三维气泡图。

3）设置该三维气泡图的图表布局为"布局 8"、图表样式为"样式 4"。

4）在该三维气泡图下方添加标题"世界部分国家 GDP"，文字格式为"黑体、加粗、16 磅"，并设置图例位置显示在右侧。

5）对该三维气泡图设置数据标签，使标签包括 X 值、Y 值，标签位置靠下。

6）取消该三维气泡图的网络线，设置垂直轴的最小值为"-2"、最大值为"28"。

7）根据工作表 Sheet2 中的数据清单创建数据透视图及数据透视表，存放在现有工作表"数据透视表"中，要求显示各洲 GDP 数据的汇总情况。

8）设置所生成的数据透视图的图表布局为"布局 5"、图表样式为"样式 16"，图表标题改为"各洲 GDP 数据汇总"，坐标轴标题改为"万亿美元"。

9）给所生成的数据透视表与数据透视图添加两个切片器，以便可以选择显示不同洲、不同国家的 GDP 数据图表。

10）保存文件。

3．任务实现

步骤 1：打开工作簿文件"世界部分国家 GDP.xlsx"。

在素材文件夹中找到文件"世界部分国家 GDP .xlsx"并双击即可打开。工作表 Sheet1 中的数据清单如图 4-96 所示。

	A	B	C	D	E	F
1			世界部分国家GDP			
2	排名	国家	所在洲	年份	GDP(万亿美元)	占世界比重
3	1	美国	美洲	2019	21.43	24.41%
4	2	中国	亚洲	2019	14.34	16.34%
5	3	日本	亚洲	2019	5.08	5.79%
6	4	德国	欧洲	2019	3.86	4.40%
7						
8						

图 4-96　工作表 Sheet1 中的数据清单

步骤 2：创建三维气泡图。

同时选中工作表 Sheet1 数据清单中的"国家"列（B2:B6）和"GDP（万亿美元）"列（E2:E6），单击"插入"选项卡"图表"选项组中的"插入散点图或气泡图"下拉按钮，在弹出的下拉列表中选择"三维气泡图"图表，如图 4-97 所示，结果如图 4-98 所示。

步骤 3：设置图表布局、图表样式。

1）选中三维气泡图，单击"图表工具-设计"选项卡"图表布局"选项组中的"快速布局"下拉按钮，在弹出的下拉列表中选择"布局 8"，如图 4-99 所示。

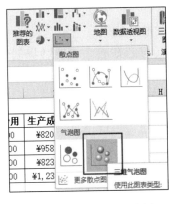

图 4-97 选择"三维气泡图"

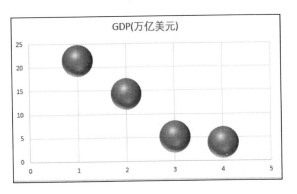

图 4-98 三维气泡图

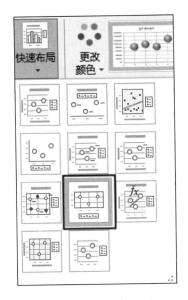

图 4-99 选择"布局 8"

2）选择"图表工具-设计"选项卡"图表样式"选项组中的"样式 4"，如图 4-100 所示，结果如图 4-101 所示。

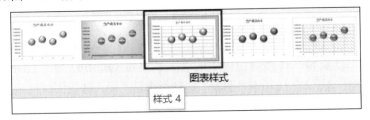

图 4-100 选择"样式 4"

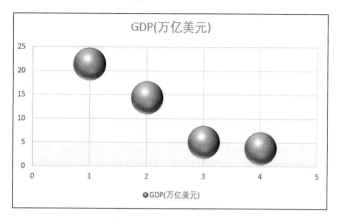

图 4-101　设置图表布局、样式后的三维气泡图

步骤 4：添加标题，设置图例位置。

1）选中三维气泡图，选择"图表工具-设计"选项卡，单击"图表布局"选项组中的"添加图表元素"下拉按钮，在弹出的下拉列表中选择"坐标轴标题"→"主要横坐标轴"选项，如图 4-102 所示，然后输入标题"世界部分国家 GDP"并设置文字格式为黑体、加粗、16 磅，结果如图 4-103 所示。

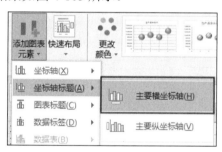

图 4-102　选择"主要横坐标轴"选项

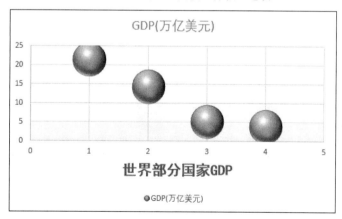

图 4-103　添加标题后的三维气泡图

2）单击"图表工具-设计"选项卡"图表布局"选项组中的"添加图表元素"下拉按钮，在弹出的下拉列表中选择"图例"→"右侧"选项，如图 4-104 所示，结果如图 4-105 所示。

步骤 5：设置数据标签，使标签包括 X 值、Y 值，标签位置靠下。

单击"图表工具-设计"选项卡"图表布局"选项组中的"添加图表元素"下拉按钮，在弹出的下拉列表中选择"数据标签"→"其他数据标签选项"选项；在弹出的"设置数据标签格式"窗格中选中"X 值"和"Y 值"复选框，并选中"靠下"单选按钮，如图 4-106 所示，然后单击"关闭"按钮，结果如图 4-107 所示。

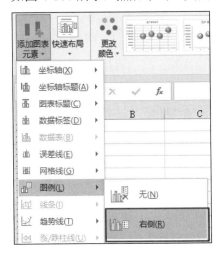

图 4-104　选择"右侧"选项

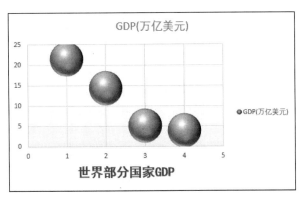

图 4-105　改变图例位置后的三维气泡图

图 4-106　"设置数据标签格式"窗格

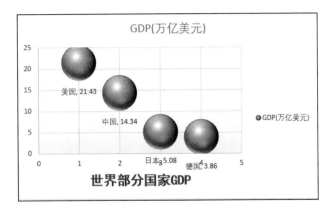

图 4-107　设置数据标签后的三维气泡图

步骤 6：取消该三维气泡图的网络线，设置垂直轴的最小、最大刻度。

1）单击"图表工具-设计"选项卡"图表布局"选项组中的"添加图表元素"下拉按钮，在弹出的下拉列表中选择"网格线"→"主轴主要水平网格线"选项，如图 4-108 所示。使用类似的方法再选择"主轴主要垂直网格线"选项，结果如图 4-109 所示。

图 4-108　选择"主轴主要水平网格线"
选项

图 4-109　取消网络线后的三维气泡图

2）双击三维气泡图的垂直（值）轴，在弹出的"设置坐标轴格式"窗格中设置"最小值"为-2、"最大值"为 28，如图 4-110 所示，然后单击"关闭"按钮，结果如图 4-111 所示。

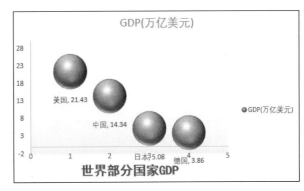

图 4-110　"设置坐标轴格式"窗格中
设置的参数

图 4-111　设置垂直轴最大值、最小值后的
三维气泡图

步骤 7：创建数据透视表及数据透视图。

1）单击工作表标签 Sheet2，可以看到工作表 Sheet2 中的数据清单如图 4-112 所示。

2）单击工作表 Sheet2 数据清单中的任意单元格，然后单击"插入"选项卡"图表"选项组中的"数据透视图"按钮，在弹出的"创建数据透视图"对话框中设置"表/区域"和"位置"参数，如图 4-113 所示，然后单击"确定"按钮。

3）在弹出的"数据透视表字段"窗格中，将"所在洲"字段拖到"轴（类别）"列表框中，将"GDP（万亿美元）"字段拖到"值"列表框中，如图 4-114 所示。所生成的数据透视表及数据透视图如图 4-115 所示。

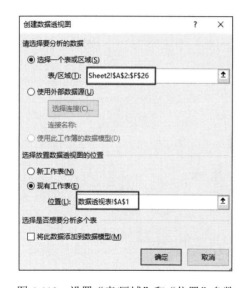

图 4-112 工作表 Sheet2 中的数据清单

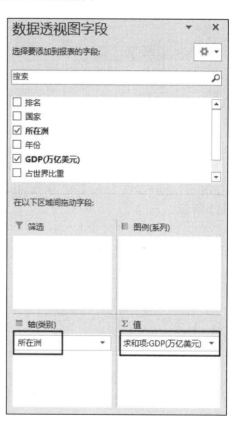

图 4-113 设置"表/区域"和"位置"参数   图 4-114 "数据透视表字段"窗格中拖动字段后的结果

步骤 8：设置数据透视图的图表布局、图表样式，修改标题。

1）设置图表布局、图表样式的操作参照步骤 3，这里不再赘述。

2）双击数据透视图的标题文字"汇总"，将其修改为"各洲 GDP 数据汇总"。

3）双击数据透视图的坐标轴标题文字"坐标轴标题"，将其修改为"万亿美元"，结果如图 4-116 所示。

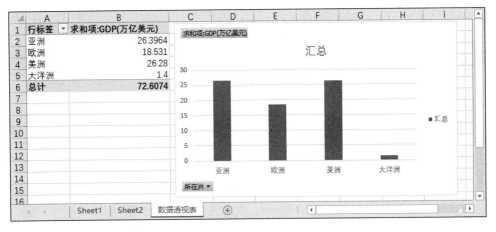

图 4-115 生成的数据透视表及数据透视图

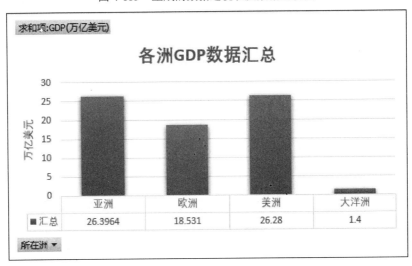

图 4-116 修改后的数据透视图

步骤 9：给所生成的数据透视表与数据透视图添加两个切片器，以便可以选择显示不同洲、不同国家的 GDP 数据图表。

1）单击数据透视表中的任意单元格，然后单击"数据透视表工具-分析"选项卡"筛选"选项组中的"插入切片器"按钮，在弹出的"插入切片器"对话框中选中"国家"和"所在洲"复选框，如图 4-117 所示，然后单击"确定"按钮，插入的切片器如图 4-118所示。

图 4-117 选择切片器字段

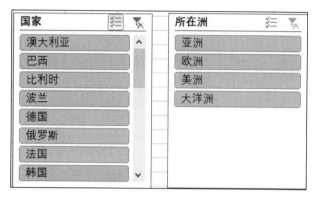

图 4-118 插入的切片器

2）在"所在洲"切片器中选择"亚洲"，在"国家"切片器中选择"中国"，结果如图 4-119 所示。

图 4-119 通过切片器选择显示的数据透视表与数据透视图

步骤 10：保存文件。

至此，电子表格已按要求操作完成，单击"保存"按钮将文件及时保存。

4.4.5 拓展训练

在素材文件夹中找到并打开"书籍销售周报表.xlsx"，在工作表销售清单中已有的数据清单如图 4-120 所示。

	A	B	C	D	E	F	G	H
1				书籍销售周报表				
2	图书名称	类 别	星期一	星期二	星期三	星期四	星期五	小 计
3	模拟电子技术基础	电子电工	93	86	8	174	88	449
4	电子电路基础II	电子电工	148	79	28	136	97	488
5	电路原理（乙）	电子电工	45	114	58	89	82	388
6	电工电子学实验	电子电工	83	158	70	145	126	582
7	电子电路基础实验II	电子电工	144	107	171	187	85	694
8	电工电子学及实验	电子电工	91	53	180	6	21	351
9	模拟电子技术基础实验	电子电工	90	182	182	102	148	704
10	过程工程原理及实验	工程机械	201	83	11	12	99	406
11	工程图学	工程机械	116	21	24	185	96	442
12	过程工程原理（甲）I	工程机械	55	75	48	128	46	352
13	机械设计基础（甲）	工程机械	119	44	79	23	120	385
14	机械制图及CAD基础	工程机械	187	182	121	109	67	666
15	工程材料实验	工程机械	97	27	128	134	134	520
16	机械设计（乙）	工程机械	12	20	135	93	24	284

销售清单　汇总　Sheet3　⊕

图 4-120　工作表销售清单中的数据清单

1）将工作表销售清单中的第 2 行和"合计"行复制到工作表汇总中，并删除"类别"列及"小计"列。

2）根据工作表汇总中的数据清单生成二维簇状柱形图。

3）设置图表的图例项为"星期一、星期二、星期三、星期四、星期五"，图例位置位于底部。

4）图表标题修改为"图书合计"，设置垂直轴的最小值为5000。

5）设置图表数据标签，使标签显示"值"和"类别名称"选项，分隔符使用空格。

6）设置图表的图表样式为"样式 14"。

7）将图表置于 A4:G18 的区域。结果如图 4-121 所示。

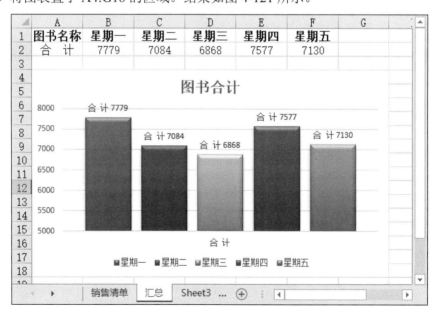

图 4-121　二维簇状柱形图最后的结果

8）根据工作表销售清单中的数据清单（标题行及合计行除外）创建数据透视图及

数据透视表,存放在现有工作表 Sheet3 中,要求显示每种书籍类型的销售数据汇总情况。

9）将数据透视图的类型修改为三维饼图,图表布局设为"布局 1"。

10）给数据透视表与数据透视图添加切片器,以便可以选择显示不同书籍类型的销售数据汇总数据图表,结果如图 4-122 所示。

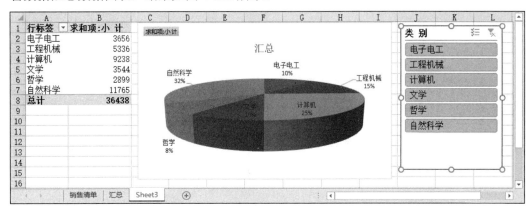

图 4-122　添加数据透视表、数据透视图、切片器后的结果

第 5 章 演示文稿软件 PowerPoint 2019 的使用

PowerPoint 2019 是 Office 2019 的重要组件之一，是目前最流行的、功能强大的演示文稿制作软件，利用它可以方便地制作出集文字、表格、图片、图像、图表、声音、视频等多种元素于一体且具有专业风格及生动、美观的演示文稿。其被广泛应用于教学课件、工作报告、学术演讲、论文答辩、成果介绍、产品展示等领域中。本章将主要介绍 PowerPoint 2019 的使用方法。

5.1 幻灯片入门

学习目标

- 熟悉 PowerPoint 2019 的工作界面及各种视图方式。
- 熟悉幻灯片版式的使用，并能够自定义版式。
- 掌握幻灯片的基本编辑方法，如幻灯片的插入、删除、复制和移动。
- 掌握幻灯片中文本与段落的格式化操作。
- 掌握演示文稿中多媒体元素的插入方法。
- 掌握幻灯片的主题、背景设置方法及母版的使用方法。
- 掌握 SmartArt 图形的使用方法。
- 掌握演示文稿的发布方法。

5.1.1 PowerPoint 2019 的工作界面

PowerPoint 2019 的工作界面和 Word 2019、Excel 2019 类似，包括快速访问工具栏、标题栏、功能区和状态栏等部分，但是 PowerPoint 2019 的工作区与 Word 2019、Excel 2019 大不相同。在 PowerPoint 2019 窗口右下角的状态栏中有视图控制栏，其中包含 4 个视图按钮，分别对应普通视图、幻灯片浏览视图、阅读视图、幻灯片放映视图，如图 5-1 所示。

图 5-1　PowerPoint 2019 的工作界面

1. 普通视图

普通视图是默认的视图，也是 PowerPoint 2019 主要的编辑视图。在普通视图中不仅可以进行文本和图形的编辑工作，还可以在幻灯片中插入声音、视频，添加动画和其他特殊效果。

普通视图的工作区分为以下 3 个部分。

1）左侧是"大纲窗格"选项卡或"幻灯片浏览窗格"选项卡，在此处可以轻松地重新排列、添加或删除幻灯片。其中，"大纲窗格"选项卡以大纲形式显示幻灯片文本，可对幻灯片的文本进行编辑；"幻灯片浏览窗格"选项卡以缩略图形式显示幻灯片，能方便地观看各幻灯片外观。

2）右上部分是幻灯片窗格，用于显示当前幻灯片的大视图。在此可以对幻灯片进行各种编辑，如添加文本，插入图片、表格、SmartArt 图形、图表、图形等各种对象，制作超链接，设置动画等。

3）右下部分是备注窗格，用于输入对当前幻灯片的备注文字。

2. 幻灯片浏览视图

在幻灯片浏览视图中可以查看缩略图形式的幻灯片，可以轻松地排列和组织幻灯片的顺序。

3. 阅读视图

阅读视图用于自行在计算机上查看演示文稿。

4. 幻灯片放映视图

幻灯片放映视图用于从当前幻灯片开始放映演示文稿，按 Esc 键可退出幻灯片放映视图。

5.1.2　超链接与动作按钮

在演示文稿中经常要用到超链接功能，在放映幻灯片时可以通过单击幻灯片中的文字、图形或动作按钮等对象来实现幻灯片之间或幻灯片到其他文件的跳转。

对文字或图片建立超链接的操作步骤如下：选择要添加超链接的文字或图片，在"插入"选项卡"链接"选项组中单击"添加超链接"按钮 🌐，弹出"插入超链接"对话框。在该对话框左侧有 4 种链接类型供选择，如图 5-2 所示："现有文件或网页"可以跳转到现有的文件或网页；"本文档中的位置"可以跳转到本演示文稿中的其他幻灯片；"新建文档"可以新创建一个文档；"电子邮件地址"可以给某电子邮箱写一封电子邮件。按照需求选择并设置好具体超链接的位置即可。

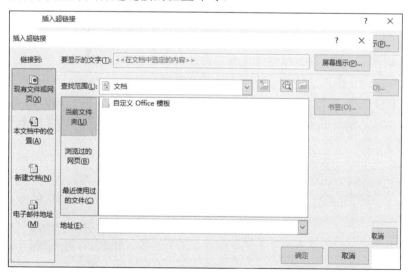

图 5-2　"插入超链接"对话框

另外，也可以使用动作按钮来实现超链接。这时需要在幻灯片中先绘制动作按钮，方法如下：在"插入"选项卡"插图"选项组中单击"形状"下拉按钮，在弹出的下拉列表中的"动作按钮"选项中有多种动作按钮供选择，如图 5-3 所示。

超链接与动作按钮

选择需要的动作按钮，在幻灯片中合适的位置单击并拖动鼠标绘制出该动作按钮，释放鼠标左键后，弹出"操作设置"对话框，如图 5-4 所示，在对话框中设置好超链接的位置即可。

图 5-3　插入动作按钮

图 5-4　"操作设置"对话框

5.1.3　SmartArt 图形

SmartArt 图形是 PowerPoint 2019 内建的逻辑图表，主要用于表达文本之间的逻辑关系。运用逻辑图表，可以将大段文字关系描述转为简单的逻辑关系图，使信息更简洁易懂。

创建 SmartArt 图形的方法：在"插入"选项卡"插图"选项组中单击"SmartArt"按钮 ，在弹出的"选择 SmartArt 图形"对话框中提供了多种 SmartArt 类型，如"流程""层次结构""循环""关系"等。每种类型的 SmartArt 图形都包含多个不同的布局，如图 5-5 所示。

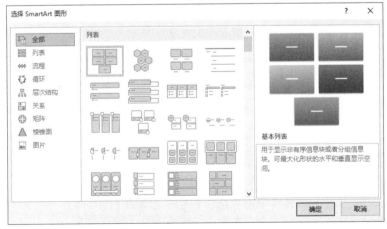

图 5-5　"选择 SmartArt 图形"对话框

SmartArt 图形的使用

选择一个布局后，就会在幻灯片中显示所选的 SmartArt 图形，在 SmartArt 图形左侧有文本窗格以显示输入在 SmartArt 图形中并要显示的文字。如果没有看到文本窗格，可以在"SmartArt 工具-格式"选项卡"创建图形"选项组中单击"文本窗格"按钮。在文本窗格中添加和编辑内容时，在 SmartArt 图形中会自动更新。

插入 SmartArt 图形后，可以利用"SmartArt 工具-设计"选项卡快速轻松地切换布局，因此可以尝试不同类型的不同布局，直至找到一个最适合的布局为止。还可以利用"设计"选项卡更改形状的颜色和文本效果等。在某些 SmartArt 图形中可以选择"添加形状"来增加形状的数量以满足我们的需求，当然也可以删除形状以调整布局结构。当添加或删除形状及编辑文字时，形状的排列和这些形状内的文字会自动更新，从而保持 SmartArt 图形布局的原始设计和边框。

还可以将文本框（占位符）中的文本转换为 SmartArt 图形，具体做法：单击包含要转换的幻灯片文本的占位符，在"开始"选项卡的"段落"选项组中单击"转换为 SmartArt 图形"，然后选择所需的 SmartArt 图形布局即可。

5.1.4　幻灯片母版与自定义版式

为了使演示文稿有一个统一的风格，有时会在演示文稿的每张幻灯片上都添加一些固定的元素，如背景、公司 LOGO 等。如果把这些固定元素添加在幻灯片的母版上，可以避免重复操作，节省时间。

在 PowerPoint 中有 3 种母版：幻灯片母版、讲义母版、备注母版。幻灯片母版用于设置幻灯片的样式，包括标题和主要文字的格式（如文本的字体、字号、颜色和阴影等特殊效果）、背景等。

在"视图"选项卡"母版视图"选项组中单击"幻灯片母版"按钮 ▭，即可进入幻灯片母版编辑状态。此时功能区中的第一个选项卡变为"幻灯片母版"选项卡，工作区左侧幻灯片浏览窗格选项卡中的第一个缩略图就是"幻灯片母版"缩略图，如图 5-6 所示。对幻灯片母版的操作与普通幻灯片一样，设置完成后单击"幻灯片母版"选项卡"关闭"选项组中的"关闭母版视图"按钮 ☒。在幻灯片母版中所做的设置会出现在演示文稿的每一张幻灯片中。

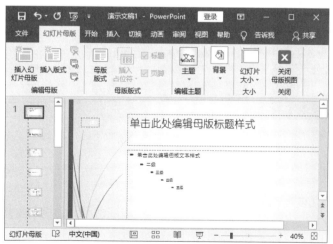

幻灯片母版
的使用

幻灯片的版
式设计

图 5-6　幻灯片母版设置

在幻灯片母版中也可以自定义版式。在幻灯片浏览窗格选项卡中的"幻灯片母版"缩略图底下的是各个幻灯片版式的缩略图，在此处也可以对各种幻灯片版式进行更改和管理。对幻灯片版式的修改也与普通幻灯片一样，所做的修改会出现在使用了该版式的幻灯片中。

> **▌小技巧**
>
> **替 换 字 体**
>
> 如果已经做好了一个 PPT，里面正文用的是宋体，但后来觉得，正文用微软雅黑更好一些。这时，单击"替换字体"按钮，即可一键替换文件中所有的宋体，使其变为微软雅黑。

5.1.5 幻灯片的保存、打包与放映

1. 幻灯片的保存与打包

PowerPoint 2019 文件的保存方法与 Word 2019、Excel 2019 一样，也是选择"文件"→"保存"或"另存为"选项，在弹出的"另存为"对话框中输入文件名，然后选择文件类型即可，默认保存类型为"PowerPoint 演示文稿"。

另外，"文件"→"导出"命令提供了多种保存、输出的格式：可以"创建 PDF/XPS 文档""创建视频""创建讲义"，也可以"将演示文稿打包成 CD"等，如图 5-7 所示。

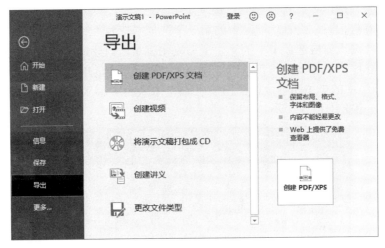

演示文稿的打包

图 5-7　导出选项

2. 幻灯片的放映

要放映演示文稿可以采用以下几种方法。

1）单击"幻灯片放映"选项卡"开始幻灯片放映"选项组中的"从头开始"按钮。

2）按键盘上的 F5 键可以从头开始放映演示文稿。

3）单击"幻灯片放映"选项卡"开始幻灯片放映"选项组中的"从当前幻灯片开

始”按钮，可以从当前显示的幻灯片开始放映演示文稿。

4）可以通过单击窗口底部的“幻灯片放映”按钮，从当前显示的幻灯片开始放映演示文稿。

5.1.6　任务——制作“IT 风云人物”演示文稿

1．任务描述

信息社团决定举办一个讲座，介绍对 IT 技术发展有巨大贡献的几位科学家，需要制作一份演示文稿，效果如图 5-8 所示。

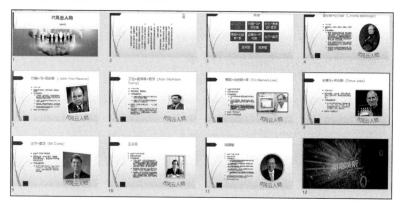

图 5-8　演示文稿效果图

2．任务分析

要完成本任务，需要进行如下操作：

主题的使用

1）新建演示文稿，命名为“IT 风云人物.pptx”。

2）设置演示文稿的主题为“丝状”，选择蓝色的变体类型。

3）设置幻灯片母版：设置标题字体（西文）为 Bauhaus 93，标题字体（中文）为微软雅黑；设置内容占位符中的文本为单倍行距，段前间距为 6 磅。

4）制作第 1 张幻灯片，输入标题“IT 风云人物”，字体为华文琥珀，60 号，居中；添加副标题“信息社团”，字号为 18 号，居中；插入图片 1.jpg 并裁剪，调整各元素的位置。

5）使用大纲文件“IT 风云人物文本素材.rtf”插入第 2～第 10 张幻灯片。

6）更改第 2 张幻灯片的版式为“竖排标题与文本”，设置文本的段落为 1.5 倍行距，设置文本占位符的高度为 10cm。

7）使用 SmartArt 图形的“基本列表”制作目录，完成第 3 张幻灯片的制作。

8）自定义版式：插入艺术字“IT 风云人物”，设置其文本效果为“拱形：下”；插入动作按钮，设置到第 3 张幻灯片的超链接。

9）制作第 4～第 11 张幻灯片，插入图片，设置图片样式，调整第 7 张幻灯片的文本标题级别。

10）设置目录页中文字与后面各幻灯片的超链接。

11）插入一张空白版式的幻灯片，插入艺术字“谢谢聆听”，设置艺术字格式。

12）设置最后一张幻灯片的背景图片。

13）保存和播放演示文稿。

3．任务实现

步骤 1：创建演示文稿"IT 风云人物.pptx"并保存。

单击"开始"按钮，在弹出的"开始"菜单中选择"Microsoft PowerPoint 2019"选项，启动 PowerPoint 2019。选择"文件"→"保存"选项，在弹出的"另存为"对话框的"文件名"文本框中输入"IT 风云人物"，选择文件类型为"PowerPoint 演示文稿（*.pptx）"，单击"保存"按钮。

步骤 2：设置演示文稿主题。

主题是一组预定义的颜色、字体和视觉效果，可以应用于幻灯片以获得统一的专业外观。PowerPoint 2019 提供了许多预设的主题。

选择"设计"选项卡"主题"选项组中的"丝状"主题，选择蓝色的变体类型。

步骤 3：幻灯片母版设置。

在"视图"选项卡"母版视图"选项组中单击"幻灯片母版"按钮，进入幻灯片母版编辑状态。选中工作区左侧幻灯片浏览窗格选项卡中的第一个缩略图，在"幻灯片母版"选项卡"背景"选项组中单击"字体"下拉按钮，在弹出的下拉列表中选择"新建主题字体"选项，在弹出的"新建主题字体"对话框中设置"标题字体（西文）"为 Bauhaus 93、"标题字体（中文）"为微软雅黑，如图 5-9 所示，单击"保存"按钮。选中文本占位符，单击"开始"选项卡"段落"选项组右下角的对话框启动器，在弹出的"段落"对话框中设置"行距"为单倍行距、"段前"间距为 6 磅，然后单击"确定"按钮。单击"幻灯片母版"选项卡"关闭"选项组中的"关闭幻灯片母版"按钮退出幻灯片母版的编辑。

图 5-9 设置幻灯片母版

步骤 4：制作第 1 张幻灯片。

在第 1 张幻灯片的占位符"单击此处添加标题"文本框中单击，并输入文字"IT 风云人物"，设置字体为华文琥珀、60 号、居中。在占位符"单击此处添加副标题"文本框中输入文字"信息社团"，选中"信息社团"，设置为 18 号，然后单击"开始"选项卡"段落"选项组中的"居中"按钮。

选中第 1 张幻灯片，单击"插入"选项卡"图像"选项组中的"图片"按钮，在弹出的"插入图片"对话框中选择素材文件夹中的"图片 1.jpg"，然后单击"插入"按钮即可将"图片 1.jpg"插入第 1 张幻灯片中。将鼠标指针置于图片右上角的控点上，按住 Shift 键的同时按住鼠标左键拖动图片到合适大小。选中图片，单击"图片工具-格式"选项卡"大小"选项组中的"裁剪"按钮，对图片进行适当的裁剪，完成后再次单击"裁剪"按钮即可。调整图片和主标题、副标题的位置，完成后的效果如图 5-10 所示。

图 5-10　第 1 张幻灯片的完成效果

步骤 5：使用大纲文件插入第 2～第 10 张幻灯片。

在"开始"选项卡的"幻灯片"选项组中单击"新建幻灯片"下拉按钮，在弹出的下拉列表中选择"幻灯片（从大纲）"选项，在弹出的"插入大纲"对话框中选择"IT 风云人物文本素材.rtf"文件，然后单击"插入"按钮，插入第 2～第 10 张幻灯片。

步骤 6：更改第 2 张幻灯片的版式。

选中第 2 张幻灯片，在"开始"选项卡的"幻灯片"选项组中单击"版式"下拉按钮，在弹出的下拉列表中选择"竖排标题与文本"版式。选择文本占位符，单击"开始"选项卡"段落"选项组右下角的对话框启动器，在弹出的"段落"对话框中设置文本的"行距"为 1.5 倍行距，然后单击"确定"按钮。在"绘图工具-格式"选项卡"大小"选项组中设置文本占位符高度为 10cm，将文本占位符移动到幻灯片下部。

步骤 7：制作第 3 张幻灯片，插入 SmartArt 图形。

在"开始"选项卡的"幻灯片"选项组中单击"新建幻灯片"下拉按钮，在弹出的下拉列表中选择"仅标题"版式，在新幻灯片的标题占位符中输入"目录"，并设置字号为 48 号、居中。在"插入"选项卡的"插图"选项组中单击"SmartArt"按钮，在弹出的"选择 SmartArt 图形"对话框中选择"列表"中的"基本列表"选项，如图 5-11 所示，然后单击"确定"按钮。

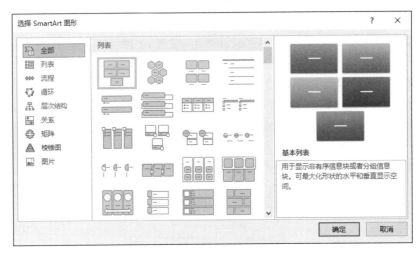

图 5-11　选择 SmartArt 图形类型

单击 SmartArt 图形，在"SmartArt 工具-设计"选项卡的"创建图形"选项组中单击"文本窗格"按钮，在弹出的"在此处键入文字"窗格中输入文字"查尔斯·巴贝奇""约翰·冯·诺依曼""艾伦·麦席森·图灵""蒂姆·伯纳斯·李""史蒂夫·乔布斯""比尔·盖茨""王永民""姚期智"（注：可通过在窗格中按 Enter 键的方法来增加形状），适当调整 SmartArt 图形的大小和位置。选中 SmartArt 图形，在"SmartArt 工具-设计"选项卡"SmartArt 样式"选项组中单击"更改颜色"下拉按钮，在弹出的下拉列表中更改颜色为"彩色填充-个性色 3"；单击"SmartArt 样式"选项组中的"其他"按钮，在弹出的下拉列表中选择"三维"→"优雅"选项，效果如图 5-12 所示。

步骤 8：自定义版式。

在"视图"选项卡的"母版视图"选项组中单击"幻灯片母版"按钮，在工作区左侧幻灯片浏览窗格选项卡中选择"两栏内容"版式的缩略图，如图 5-13 所示。

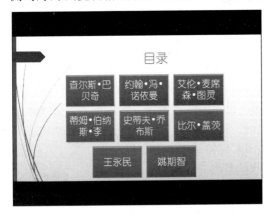

图 5-12　第 3 张幻灯片的效果

图 5-13　选择"两栏内容"版式

单击"插入"选项卡"文本"选项组中的"艺术字"下拉按钮，在弹出的下拉列表中选择"填充：深灰色，主题色 1；阴影"，在弹出的"请在此放置您的文字"文本框中输入文字"IT 风云人物"，在"绘图工具-格式"选项卡的"艺术字样式"选项组中单击"文本效果"下拉按钮，在弹出的下拉列表中选择"转换"→"拱形：下"选项，如图 5-14 所示，将艺术字拖放到右侧的内容占位符下方。

在"插入"选项卡的"插图"选项组中单击"形状"下拉按钮，在弹出的下拉列表的"动作按钮"形状中选择"动作按钮：后退或前一项"选项，在幻灯片中的左下角单击并拖动鼠标绘制出动作按钮，释放鼠标左键后，在弹出的"操作设置"对话框中选中"超链接到："单选按钮，在下面的下拉列表中选择"幻灯片"选项。在弹出的"超链接到幻灯片"对话框中选择"3.目录"选项，如图 5-15 所示，然后单击"确定"按钮。

版式设置完成后的效果如图 5-16 所示。单击"幻灯片母版"选项卡"关闭"选项组中的"关闭母版视图"按钮退出母版的编辑。

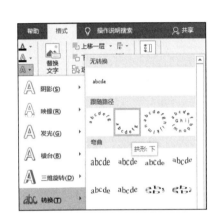

图 5-14　设置艺术字效果

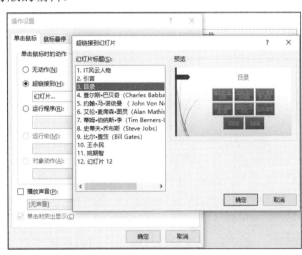

图 5-15　设置动作按钮超链接

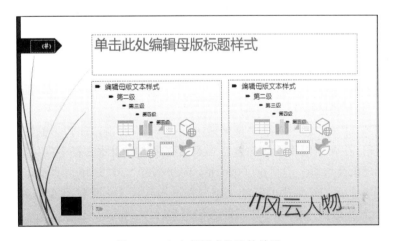

图 5-16　自定义版式设计的效果

步骤 9：在第 4～第 11 张幻灯片中插入图片并设置图片样式，更改第 7 张幻灯片中文本的标题级别。

按住 Shift 键的同时选中第 4～第 11 张幻灯片，在"开始"选项卡的"幻灯片"选项组中单击"版式"下拉按钮，在弹出的下拉列表中选择"两栏内容"版式。

在第 4 张幻灯片的空白占位符中单击"图片"按钮，如图 5-17 所示，在弹出的"插入图片"对话框中选择素材文件夹中的图片"查尔斯·巴贝奇.jpg"，然后单击"插入"按钮。在"图片工具-格式"选项卡的"图片样式"选项组中单击"其他"按钮，在弹出的下拉列表中选择"棱台形椭圆，黑色"样式。

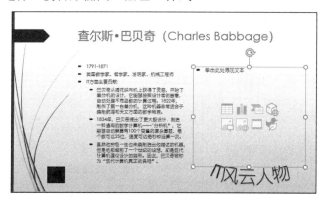

图 5-17　在占位符中插入图片

使用同样方法给第 5～第 11 张幻灯片插入相应的图片。设置第 5 张幻灯片中图片的图片样式为"旋转，白色"，设置第 6 张幻灯片中图片的图片样式为"棱台形椭圆，黑色"，设置第 7 张幻灯片中图片的图片样式为"松散透视，白色"，设置第 8 张幻灯片中图片的图片样式为"柔化边缘矩形"，设置第 9 张幻灯片中图片的图片样式为"映像右透视"，设置第 10 张幻灯片中图片的图片样式为"金属框架"，设置第 11 张幻灯片中图片的图片样式为"金属椭圆"。

选中第 7 张幻灯片，选中文本"IT 方面主要贡献："，在"开始"选项卡的"段落"选项组中单击"降低列表级别"按钮，将该文本设置为一级文本。将光标定于段落"他是关注万维网发展的万维网联盟的创始人"中，单击"开始"选项卡"段落"选项组中的"提高列表级别"按钮，将该段文本设置为二级文本。选中该段中的文本"他最杰出的成就，是把万维网的构想免费推广到全世界"，设置字体为红色、加粗。

步骤 10：设置超链接。

在第 3 张幻灯片中选中文字"查尔斯·巴贝奇"，右击，在弹出的快捷菜单中选择"超链接"选项，在弹出的"插入超链接"对话框中选择"本文档中的位置"，在右侧的列表框中选择"4.查尔斯·巴贝奇（Charles Babbage）"，然后单击"确定"按钮。使用同样的方法把第 3 张幻灯片中的其他文字分别链接到第 5～第 11 张幻灯片。

步骤 11：制作最后一张幻灯片，插入艺术字。

选中第 11 张幻灯片，在"开始"选项卡的"幻灯片"选项组中单击"新建幻灯片"下拉按钮，在弹出的下拉列表中选择"空白"版式，插入一张新幻灯片。单击"插入"选项卡"文本"选项组中的"艺术字"下拉按钮，在弹出的下拉列表中选择"填充：紫色，主题色 5；边框：白色，背景色 1；清晰阴影：紫色，主题色 5"，在弹出的"请在此放置您的文字"文本框中输入文字"谢谢聆听",设置字体为微软雅黑、80 号。在"绘图工具-格式"选项卡的"艺术字样式"选项组中单击"文本填充"下拉按钮,在弹出的下拉列表中选择"渐变"→"其他渐变"选项,在弹出的"设置形状格式"窗格中选中"渐变填充"单选按钮,单击"预设渐变"下拉按钮,在弹出的下拉列表中选择"底部聚光灯-个性色 5",单击"类型"下拉按钮,在弹出的下拉列表中选择"矩形"选项,如图 5-18 所示。在"绘图工具-格式"选项卡的"艺术字样式"选项组中单击"文本效果"下拉按钮,在弹出的下拉列表中选择"三维旋转"→"平行"→"离轴 1 右"选项。

步骤 12:设置最后一张幻灯片的背景。

选中第 12 张幻灯片,在"设计"选项卡的"自定义"选项组中单击"设置背景格式"按钮,在弹出的"设置背景格式"窗格中选中"填充"选项组中的"图片或纹理填充"单选按钮,单击"插入"按钮,在弹出的"插入图片"对话框中选择素材文件夹中的文件"背景.jpg",单击"插入"按钮。在"透明度"文本框中输入 20%后按 Enter 键,如图 5-19 所示。

图 5-18　艺术字"文本填充"渐变效果的设置

图 5-19　设置背景

步骤 13:演示文稿的保存与放映。

1)单击"保存"按钮保存演示文稿。

2)按键盘上的 F5 键观看幻灯片的放映效果。

3)选择"文件"→"另存为"选项,在弹出的"另存为"对话框中选择保存类型为"PowerPoint 放映",将演示文稿另存为"IT 风云人物.ppsx"于桌面。双击桌面上的"IT 风云人物.ppsx"文件观看放映效果。

所有操作完成后,在桌面上有两个文件:"IT 风云人物.pptx"和"IT 风云人物.ppsx",前者可以打开编辑也可以放映,后者不可以编辑只能放映。

4)在"IT 风云人物.pptx"文件窗口中选择"文件"→"导出"→"将演示文稿打包成 CD"选项,单击"打包成 CD"按钮。在弹出的"打包成 CD"对话框中单击"复制到文件夹"按钮,在弹出的"复制到文件夹"对话框的"文件夹名称"文本框中输入文件夹名称为"IT 风云人物",选择保存位置为桌面,如图 5-20 所示,单击"确定"按钮，在弹出的询问"是否要在包中包含链接文件"对话框中单击"是"按钮。在桌面上创建了一个文件夹"IT 风云人物"，包括演示文稿和一些必要的数据文件，这样我们就可以在没有安装 PowerPoint 的计算机中观看演示文稿"IT 风云人物"了。

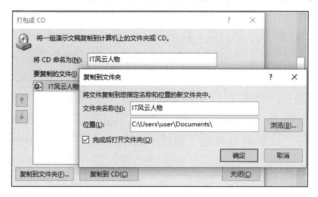

古典诗词欣赏

图 5-20　打包演示文稿

5.1.7　拓展训练

语文老师决定制作一份诗词欣赏的演示文稿用于唐诗宋词课堂教学，具体要求如下：

1）新建演示文稿，命名为"古典诗词欣赏.pptx"。

2）设置演示文稿的主题为"画廊"。

3）设置幻灯片母版：在幻灯片右上角插入图片"logo.png"。

4）制作第 1 张幻灯片，输入标题"古典诗词欣赏"，设置字体为华文行楷、字号为60 并加粗、字体颜色为"茶色，背景 2，深色 50%"，插入图片"01.jpg"。

5）制作第 2 张幻灯片：新建一张"仅标题"版式的幻灯片，输入标题"目录"，设置字体为华文行楷、60 号、居中。插入"垂直图片重点列表"布局的 SmartArt 图形，输入文字并设置所有文字为楷体、32 号，加粗。更改 SmartArt 图形颜色为"彩色-个性色"。

6）自定义版式：利用幻灯片母版在"两栏内容"版式中插入"卷形：水平"形状，填充颜色为"茶色，背景 2，深色 10%"。在该形状中输入文字"古典诗词欣赏"，设置字体为华文行楷、36 号、深红、加粗。在幻灯片右下角插入"动作按钮：后退或前一项"，并设置超链接到第 2 张幻灯片即目录页。

7）按照效果图制作第 3～第 7 张幻灯片，设置诗词名称"登鹳雀楼"等的字体为楷体、36 号、加粗、居中，设置作者名字及诗词正文为楷体、28 号、居中，设置图片"登鹳雀楼.jpg"的图片样式为"双框架，黑色"。

设置第 4 张幻灯片中文字方向为"竖排"，图片样式为"旋转，白色"。

设置第 5 张幻灯片中图片的图片样式为"棱台形椭圆，黑色"，设置第 6 张幻灯片中图片的图片样式为"松散透视，白色"，设置第 7 张幻灯片中图片的图片样式为"居中矩形阴影"。

8）设置目录页 SmartArt 图形中的文字与后面各张幻灯片的超链接。

9）制作最后一张幻灯片：插入一张"空白"版式幻灯片。插入艺术字"谢谢欣赏"，设置字体为楷体、80 号，设置艺术字文本填充渐变为"线性向下"，文字效果为三维旋转"离轴 2　左"。

10）对最后一张幻灯片设置背景图片为"背景.jpg"，并设置其透明度为 50%。

11）保存和播放演示文稿。

演示文稿效果如图 5-21 所示。

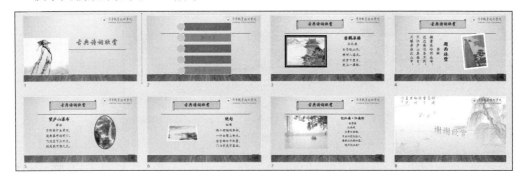

图 5-21　"古典诗词欣赏"演示文稿效果图

5.2　幻灯片进阶

 学习目标

- 熟悉动画的基本类型。
- 掌握各动画类型的具体应用方法。
- 熟悉叠加动画的应用。
- 掌握动画基本属性的设置方法。
- 熟悉动画窗格的使用。
- 熟悉触发器的应用。
- 掌握幻灯片切换效果的设置方法。
- 学会演示文稿的超链接演示技术。
- 了解演示文稿的放映设置。
- 学会自定义幻灯片放映。

5.2.1　动画类型

在演示文稿中适当地添加动画，可以使演示文稿的播放效果更加形象，也可以通过动画使一些复杂内容逐步显示以便观众理解。在 PowerPoint 2019 中可以为图形、文字、图表等对象添加的基本动画效果有 4 种类型，分别是进入、强调、退出和动作路径。

1. 进入动画

进入动画是指为对象设置动画后，放映对象从其他位置进入幻灯片的动画效果。添加进入动画的方法：选择要添加动画效果的对象，单击"动画"选项卡"高级动画"选项组中的"添加动画"下拉按钮，在弹出的下拉列表中选择"进入"中的效果或选择"更多进入效果"选项，如图 5-22 所示，在弹出的"更改进入效果"对话框中选择相应的效果即可。

动画类型

图 5-22　添加进入动画

添加动画效果后，对象前面将显示一个动画编号标记，但在幻灯片放映时不显示也不会被打印出来。

2. 强调动画

强调动画是指在放映过程中引起观众注意的一种动画，它一开始就存在于幻灯片中，进行动画时颜色、形状等会发生变化。添加强调动画的方法：选择要添加动画效果的对象，单击"动画"选项卡"高级动画"选项组中的"添加动画"下拉按钮，在弹出的下拉列表中选择"强调"中的效果或选择"更多强调效果"选项，在弹出的"更改强调效果"对话框中选择相应的效果即可。

3. 退出动画

退出动画是指为对象设置动画后，放映动画时对象已在幻灯片中，然后以指定方式从幻灯片消失的动画。添加退出动画的方法：选择要添加动画效果的对象，单击"动画"选项卡"高级动画"选项中的"添加动画"下拉按钮，在弹出的下拉列表中选择"退出"中的效果或选择"更多退出效果"选项，在弹出的"更改退出动画"对话框中选择相应的效果即可。

4. 动作路径动画

动作路径动画是指为对象设置动画后，放映时对象将沿着指定的路径进入幻灯片的相应位置的动画。添加动作路径动画的方法：选择要添加动画效果的对象，单击"动画"选项卡"高级动画"选项组中的"添加动画"下拉按钮，在弹出的下拉列表中选择"动作路径"中的效果或选择"其他动作路径"选项，在弹出的"更改动作路径"对话框中选择相应的效果即可。下面通过一实例说明添加动作路径动画效果的设置方法。

步骤 1：在幻灯片上绘制一图形笑脸，单击选中该对象。

步骤 2：在"更改动作路径"对话框中选择"心形"效果，设置后的效果如图 5-23 所示。

步骤 3：该幻灯片播放后将看到图形笑脸沿着心形边框线运动的动作路径动画效果。

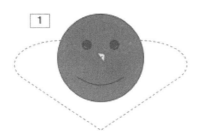

图 5-23　设置心形动作路径后的效果

5.2.2　叠加动画

可以为幻灯片中的同一对象添加多个动画效果，使动画效果更漂亮，这就是叠加动画。下面通过一实例说明添加叠加动画效果的设置方法。

步骤 1：在幻灯片中插入艺术字"快乐周末"，并设置为"玩具风车"的进入动画效果。

步骤 2：选中该艺术字，单击"动画"选项卡"高级动画"选项组中的"添加动画"下拉按钮，在弹出的下拉列表中设置"填充颜色"的强调动画效果。

步骤 3：再次选中该艺术字，单击"添加动画"下拉按钮，在弹出的下拉列表中设置"弹跳"的退出动画效果，此时在艺术字的左上角显示动画编号标记"1""2""3"，设置后的效果如图 5-24 所示。

图 5-24　设置叠加动画后的效果

5.2.3　设置动画基本参数及播放顺序

一张幻灯片中往往有多个对象设置了动画效果或同一对象设置了多个动画效果，当添加了动画效果后，需要设置动画的播放参数，以便确定动画的播放方式或效果。通过"动画"选项卡"计时"选项组可设置动画的开始方式、持续时间、延迟时间、播放顺序，如图 5-25 所示。

图 5-25 "计时"选项组

1. 设置动画开始时间

动画开始时间默认为"单击时"，即幻灯片播放时需要单击才开始播放动画。单击"计时"选项组中"开始"后的下拉按钮，在弹出的下拉列表中有"单击时"、"与上一动画同时"和"上一动画之后"选项。如果选择"与上一动画同时"选项，那么此动画就会和同一张幻灯片中的前一个动画同时播放；若选择"上一动画之后"选项，则表示在上一动画播放结束后再播放该动画。

2. 设置动画速度

通过调整"持续时间"，可以控制动画播放的速度。

3. 设置延迟时间

通过调整"延迟"时间，可以让动画在"延迟"时间设置的时间到达后才开始播放，这样可以控制动画之间的衔接，便于看清楚每一个动画的内容。

4. 调整动画播放顺序

如果需要调整一张幻灯片中多个动画的播放顺序，则可以单击对象或动画编号标记选中动画，通过"对动画重新排序"下面的"向前移动"或"向后移动"按钮来改变动画播放的先后顺序。

5.2.4 动画窗格

在"动画"选项卡的"高级动画"选项组中单击"动画窗格"按钮，弹出"动画窗格"窗格。在"动画窗格"中按照动画的播放顺序列出了当前幻灯片中的所有动画效果，单击"播放"按钮将播放幻灯片中的所有动画效果，如图 5-26 所示。

图 5-26 动画窗格

在"动画窗格"中按住鼠标左键拖动动画选项可以改变其在列表中的位置，进而改变动画在幻灯片中的播放顺序。

按住鼠标左键拖动时间条左右两侧的边框可以改变时间条的长度，长度的改变意味着动画播放时长的改变。将鼠标指针放到时间条上，将会提示动画开始和结束的时间，拖动时间条改变其位置将能够改变动画开始的延迟时间，如图 5-27 所示。

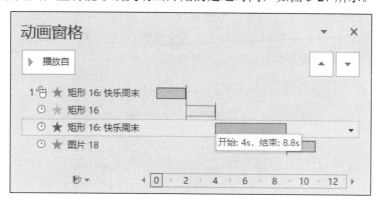

图 5-27　拖动鼠标设置动画播放时长和延迟时间

单击动画选项右侧的下拉按钮，在弹出的下拉列表中选择"效果选项"选项，弹出相应的动画效果对话框，可对动画效果进行更详细的设置，如图 5-28 所示。

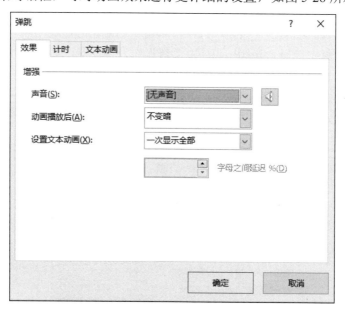

图 5-28　动画效果选项对话框

用户还可以根据需要删除幻灯片中不需要的动画效果，方法：打开"动画窗格"，在动画效果列表中选择要删除的动画选项，单击右侧的下拉按钮，在弹出的下拉列表中选择"删除"选项即可。或单击要删除动画效果对象左上角的数字按钮，直接按 Delete 键即可快速删除该动画效果。

5.2.5 动画触发器

当给幻灯片中的对象设置了动画效果后，还可以通过触发器来控制动画效果的启动或停止，实现动画的人机交互。不但可以将幻灯片中的按钮、文本框、图片等作为触发器，还可以将音频或视频的书签作为触发器。

下面通过实例说明触发器的使用方法。

步骤 1：在幻灯片中分别插入文本"我国的首都""A.上海""B.北京"，再插入两个文本框，文字分别为"错误""正确"，效果如图 5-29 所示。

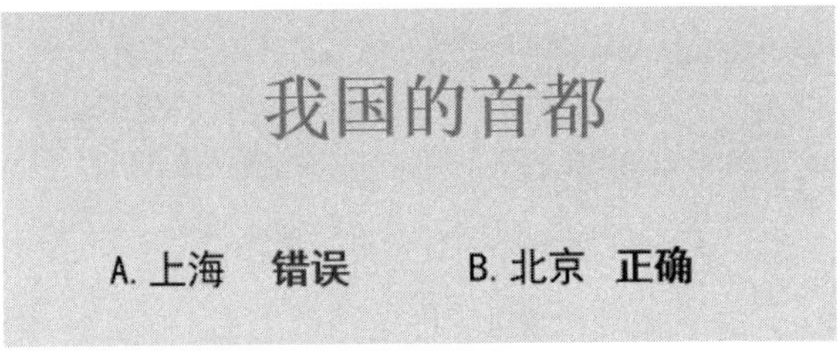

我国的首都

A. 上海 　错误 　　　B. 北京 　正确

动画触发器
的使用

图 5-29　幻灯片文字效果

步骤 2：给文本框"错误""正确"分别设置"出现"的进入动画效果。

步骤 3：打开"动画窗格"，在"动画窗格"中单击动画选项"错误"右侧的下拉按钮，在弹出的下拉列表中选择"效果选项"选项，弹出相应动画效果的对话框。在"计时"选项卡中单击"触发器"按钮，选中"单击下列对象时启动动画效果"单选按钮，在右侧的下拉列表中选择"TextBox2：A.上海"作为触发器，如图 5-30 所示。

图 5-30　选择触发器

步骤 4：使用同样的方法设置动画选项"正确"的触发器为"TextBox3：B.北京"。

步骤 5：该幻灯片播放后将先不启动"正确""错误"的进入动画效果，当单击触发器"上海"后才显示"错误",单击触发器"北京"后显示"正确",效果如图 5-31 所示。

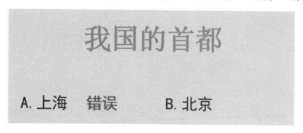

图 5-31　单击触发器"A.上海"后的效果

5.2.6　排练计时

为演示文稿设置排练计时可以让演示文稿按预先排练的时间进行播放,无须人为操作,方法:单击"幻灯片放映"选项卡"设置"选项组中的"排练计时"按钮,此时会切换到幻灯片放映状态,在屏幕右上方有一个"录制"对话框,在这个对话框中可以看到当前幻灯片放映的时间,如图 5-32 所示。

在当前幻灯片播放的时间达到要求后,单击切换到下一张幻灯片,"录制"对话框中的时间就会从"0"开始计时,以此类推,直到放映结束,会弹出如图 5-33 所示的提示对话框,单击"是"按钮即可看到每张幻灯片的排练时间。

图 5-32　"录制"对话框

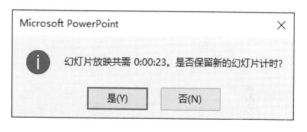

图 5-33　排练结束对话框

5.2.7　任务——设计"厉害了,我的国"演示文稿动画方案

1. 任务描述

随着中国特色社会主义进入新时代,中国克服了一个个困难,创造出一个个奇迹。辉煌的成就映照着人民的生活,中国人民有了更多的安全感、幸福感、自豪感,对祖国的未来发展充满信心,校团委特此制作了一份"厉害了,我的国"演示文稿宣传片。为了提升幻灯片的播放效果,请帮忙设计该演示文稿的动画方案。第 1 张静态幻灯片的效果如图 5-34 所示。

图 5-34　第 1 张静态幻灯片的效果

2．任务分析

完成本任务，首先需要掌握 PowerPoint 2019 中各类型动画的基本使用方法，熟悉动画参数的设置，明确什么动画效果需应用哪种动画方式，并知晓各动画间的衔接关系如何处理。通过本任务，学生可学会 PowerPoint 2019 基本动画的设计方法。

要完成本任务，需要进行如下操作：

1）设置所有幻灯片的切换效果为"框"，音效为"风铃"。

2）单独设置标题幻灯片的切换动画为"帘式"，音效为"鼓声"。

3）修改 3～6 页幻灯片切换的"效果选项"分别为"自顶部""自底部""自左侧""自顶部"。

4）制作"目录"页幻灯片逐条目录从右侧飞入的动画效果。

5）为第 7 张"最中国的贡献"幻灯片的右侧文字内容添加"挥鞭式"进入效果，并叠加"画笔颜色"强调效果和"收缩并旋转"退出效果，设置它们的开始时间为"上一动画之后"。

6）给"结束语"幻灯片中的下方文本框和"红旗"图片设置"出现"进入动画，并调整其播放顺序为先图片后文本，并利用触发器设置如下效果：当单击"结束语"文本框时才会触发这两个动画。

7）在"目录"页中添加动作按钮，超链接到各自对应内容的页面，并在各自对应内容页面添加"返回目录"按钮使其能跳转至目录页。

8）幻灯片放映设置为"观众自行浏览"和"循环放映"方式。

9）使用排练计时进行幻灯片的放映预演。

10）保存文件。

3．任务实现

步骤 1：设置各幻灯片的切换动画及声音。

打开素材文件夹中"厉害了，我的国.pptx"文件，在"切换"选项卡的"切换到此

幻灯片"选项组中选择要应用的幻灯片切换效果"框",在"声音"下拉列表中选择要
应用的音效"风铃",单击"应用到全部"按钮,如图 5-35 所示。

图 5-35　设置切换动画与音效

步骤 2:设置标题幻灯片的切换动画。

对于标题幻灯片,可以单独设置幻灯片的切换动画及声音,本例将为标题幻灯片重
新应用一种切换动画。选择第 1 张幻灯片,在"切换"选项卡的"切换到此幻灯片"选
项组中选择要应用的幻灯片切换效果"帘式",在"声音"下拉列表中选择要应用的音
效"鼓声",即可为第 1 张幻灯片设置动画和音效。

步骤 3:修改 3～6 页幻灯片切换的"效果选项"。

为了使动画效果更加丰富,同时保持动画风格统一,可以为不同的幻灯片设置不同
的效果选项。

选择第 3 张幻灯片,单击"切换"选项卡"切换到此幻灯片"选项组中的"效果选
项"下拉按钮,在弹出的下拉列表中选择"自顶部"选项。

使用相同的方法为第 4 张幻灯片设置"自底部"效果;为第 5 张幻灯片设置"自左
侧"效果;为第 6 张幻灯片设置"自顶部"效果。设置完成后,按 F5 键播放幻灯片即
可查看效果。

步骤 4:制作"目录"页幻灯片逐条目录从右侧飞入的动画效果。

目录类型的幻灯片主要用于开篇对幻灯片的整体内容进行简介,常常以项目列表的
方式列出。为强调该内容,可以应用动画使各项目逐个显示出来。

选择第 2 张"目录"幻灯片,在"动画"选项卡的"动画"选项组中设置幻灯片的
动画样式为"飞入"的进入动画。分别选择其他几条目录,使用相同的方法为其设置相
同的动画样式,效果如图 5-36 所示。

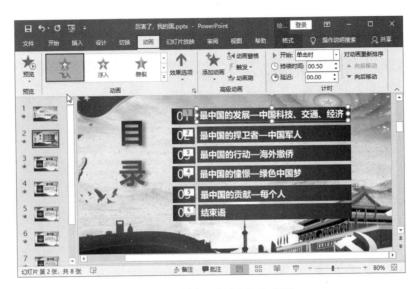

图 5-36　设置目录"飞入"动画

　　单击"动画"选项卡"动画"选项组中的"效果选项"下拉按钮，在弹出的下拉列表中选择动画飞入的方向，如"自右侧"选项；在"动画"选项卡的"计时"选项组中设置"持续时间"为 01.00，如图 5-37 所示。完成动画设置后，按 Shift+F5 组合键即可放映当前幻灯片，预览当前幻灯片的动画效果。

　　步骤 5：制作第 7 张幻灯片"最中国的贡献"叠加动画。

图 5-37　设置"飞入"动画效果

　　在以文字为主的幻灯片中，为了使页面效果不那么单调，可以为文字加上一些动画效果，如进入动画、强调动画和退出动画等。本例将对第 7 张幻灯片中的文字内容添加多种效果。

　　将光标定位到要添加文字动画的占位符中，单击"动画"选项卡"动画"选项组中的"其他"按钮，在弹出的下拉列表中选择"更多进入效果"选项，在弹出的"更改进入效果"对话框中选择"挥鞭式"动画效果，如图 5-38 所示，然后单击"确定"按钮。

　　再单击"动画"选项卡"高级动画"选项组中的"添加动画"下拉按钮，在弹出的下拉列表中选择"强调"类别中的"画笔颜色"动画效果，并在"计时"选项组中设置开始时间为"上一动画之后"，如图 5-39 所示。

　　再单击"动画"选项卡"高级动画"选项组中的"添加动画"下拉按钮，在弹出的下拉列表中选择"退出"类别中相应的退出动画效果，如"收缩并旋转"，并在"计时"选项组中设置开始时间为"上一动画之后"。

图 5-38　"更改进入效果"对话框

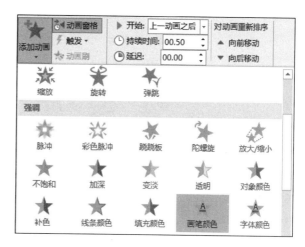

图 5-39　"强调"动画

步骤 6：设置"结束语"幻灯片的动画效果。给幻灯片中的下方文本框和"红旗"图片设置"出现"进入动画，并调整其播放顺序为先图片后文本，并利用触发器设置如下效果：当单击"结束语"文本框时才会触发这两个动画。

1）选择第 8 张"结束语"幻灯片，分别为下方的文本框和"红旗"图片设置"出现"的进入动画。

2）调整动画播放顺序。单击"动画"选项卡"高级动画"选项组中的"动画窗格"按钮，在弹出的"动画窗格"窗格中选择"图片 1"选项，单击"计时"选项组中的"向前移动"按钮调整其播放顺序，如图 5-40 所示。

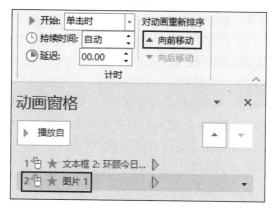

图 5-40　设置动画播放顺序

3）在"动画窗格"窗格中，同时选中图片 1 和文本框 2 的两个动画选项，单击右侧的下拉按钮，在弹出的下拉列表中选择"计时"选项，弹出"出现"动画效果对话框。在"计时"选项卡中单击"触发器"按钮，选中"单击下列对象时启动动画效果"单选按钮，在右侧下拉列表中选择"TextBox2_1:06 结束语"作为触发器，如图 5-41 所示。

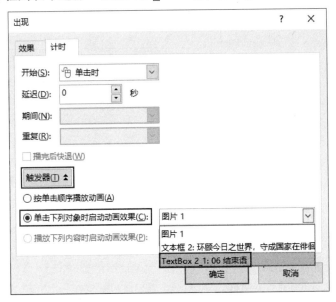

图 5-41　选择触发器

步骤 7：添加幻灯片交互功能。

在放映演示文稿的过程中，为了方便对幻灯片进行操作，可以在幻灯片中适当地添加一些交互功能。

1）在目录中添加动作按钮。要使幻灯片中的元素具有交互功能，需要为元素添加相应的动作。

选择第 2 张"目录"幻灯片，选中"01"条目右侧的文本框，单击"插入"选项卡"链接"选项组中的"动作"按钮，如图 5-42 所示。

在弹出的"操作设置"对话框中，选中"超链接到"单选按钮，在下拉列表中选择"幻灯片"选项，如图 5-43 所示。在弹出的"超链接到幻灯片"对话框中选择"3.幻灯片 3"，单击"确定"按钮返回"操作设置"对话框。选中"单击时突出显示"复选框，然后单击"确定"按钮完成一条超链接动作的设置。使用相同的方法将幻灯片 4、5、6、7、8 分别链接到目录中。

2）添加"返回目录"按钮。在放映幻灯片时，为使用户可以快速切换到"目录"幻灯片，需要在各幻灯片中添加"返回目录"按钮，使其能跳转至目录页。

在第 3 张幻灯片的左下角绘制一个矩形，在矩形中添加文字内容"返回目录"，并为其设置一种形状样式和艺术字样式，效果如图 5-44 所示。

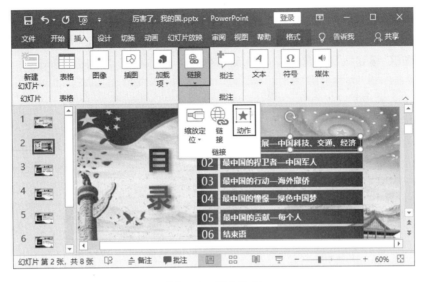

图 5-42　插入动作

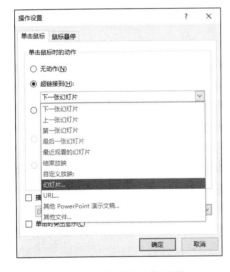

图 5-43　超链接动作设置

图 5-44　"返回目录"按钮

　　保持矩形为选中状态，单击"插入"选项卡"链接"选项组中的"动作"按钮，在弹出的"操作设置"对话框中，选中"超链接到"单选按钮，在下拉列表中选择"幻灯片"选项。在弹出的"超链接到幻灯片"对话框中选择"2.幻灯片 2"，单击"确定"按钮返回"操作设置"对话框，然后单击"确定"按钮完成"返回目录"动作的设置。

　　复制添加了动作的"返回目录"按钮，并将其粘贴到第 4、5、6、7 这 4 张幻灯片中。

　　步骤 8：设置幻灯片放映。

　　在不同的情况下放映幻灯片，可以设置不同的幻灯片放映类型。例如，演讲者演讲时自行操作放映，通常适合全屏方式放映；如果由观众自行浏览，则通常使用窗口方式放映，以便观众应用相应的浏览功能。本例将设置幻灯片的放映方式为观众自行浏览，并使幻灯片循环放映，操作方法如下：

单击"幻灯片放映"选项卡"设置"选项组中的"设置幻灯片放映"按钮，在弹出的"设置放映方式"对话框中选中"观众自行浏览（窗口）"单选按钮，并选中"循环放映，按 ESC 键终止"复选框，如图 5-45 所示，然后单击"确定"按钮。

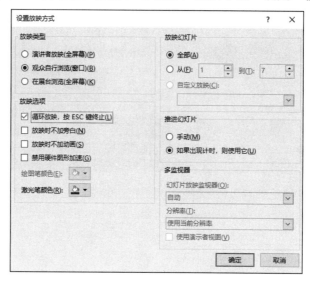

图 5-45　设置放映方式

步骤 9：使用排练计时进行幻灯片的放映预演。

在"切换"选项卡的"计时"选项组中，可以设置幻灯片持续播放的时间，但为了使幻灯片播放的时间更加准确，更接近真实演讲状态下的时间，一般使用"排练计时"功能，在预演的过程中记录下幻灯片中的动画切换时间。操作方法如下：单击"幻灯片放映"选项卡"设置"选项组中的"排练计时"按钮，此时，在幻灯片放映过程中将根据实际情况进行放映预演，排练计时功能将自动记录下各幻灯片的显示时间及动画的播放时间等信息。

步骤 10：保存文件。

至此，所有幻灯片已按要求设置完成，单击"保存"按钮保存文件。

背景音乐的
插入

5.2.8　拓展训练

小慧是新起点学校环境科学与工程系的老师，最近，她应北京节水展馆的邀请，将为展馆进行宣传水知识及节水工作重要性的讲座，请为她设计一份讲座 PPT。节水展馆提供的文字资料及素材参见"水资源利用与节水（素材）.docx"，操作要求如下：

1）标题页包含演示主题、制作单位（北京节水展馆）和日期（××××年×月×日）。

2）演示文稿须指定一个主题，幻灯片不少于 15 页，且版式不少于 3 种。

3）演示文稿中除文字外要有 10 张以上的图片，并有超链接进行幻灯片之间的跳转。

4）动画效果要丰富，幻灯片切换效果风格统一。

5）演示文稿播放的全程需要有背景音乐。

6）将制作完成的演示文稿以"水资源利用与节水"为名打包成 CD。

第6章 计算机网络与应用

计算机网络将分布在不同地理位置、功能独立的多个计算机系统、网络设备和其他信息系统互联起来,其目的是实现计算机之间的信息传递和资源共享。计算机网络彻底改变了计算机单机运行模式,计算机网络技术的发展正不断地推动着计算机应用技术的发展,互联网、分布式计算、网格计算、云计算等都是建立在计算机网络的基础上的。

6.1 局 域 网

 学习目标

- 了解网络构建基础。
- 熟悉几种常见的有线局域网设备。
- 了解有线局域网内几种简单的网络连接方式。
- 了解几种无线局域网的组网模式。
- 掌握几种常见的使用局域网的方法。

6.1.1 网络构建基础

1. 计算机网络的组成

一个完整的计算机网络由硬件、软件、协议三大组成部分,缺一不可。

(1)硬件

硬件主要由传输介质、接入端口设备、交换设备、安全设备和资源设备等组成。

1)传输介质是数据传输的载体。通常使用的传输介质有双绞线、同轴电缆(图6-1)、光纤、无线电射频等。它们分别支持不同的网络类型,具有不同的传输速率和传输距离。

（a）双绞线

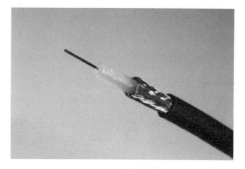

（b）同轴电缆

图 6-1　双绞线和同轴电缆

2）接入端口设备主要指网卡、调制解调器和桥接器。网卡也称网络适配器，是网络主机发送和接收数据的接口卡，它将用户要传输的数据转换为网络传输介质能识别的信号，实现网络传输。常见类型的网卡如图 6-2 所示。

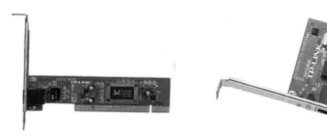

图 6-2　常见类型的网卡

3）交换设备主要包括集线器、交换机和路由器。集线器（图 6-3）是星形组网的重要设备，能把所有结点集中连接，以此为中心采用广播的方式，对接收到的信号进行整形、放大。交换机（图 6-4）是一台简化、低价、高性能、端口密集的交换产品，从外观上看与集线器相似，都有多个接入端口，但其在传输过程中有很大不同。交换机拥有一条高带宽的背板总线和内部交换矩阵；交换机除能够连接同种类型的网络外，还可以在不同类型的网络之间起到互联作用，如今许多交换机都能够提供支持快速以太网或 FDDI（fiber distributed data interface，光纤分布式数据接口）等的高速连接端口，用于连接网络中的其他交换机或为带宽占用量大的关键服务器提供附加带宽。路由器是实现在网络层网络互联的一种设备，它支持多种协议，可提供多种不同的接口，从而使不同厂家、不同规格的网络产品之间，以及不同协议的网络之间可以进行非常有效的网络互联。

图 6-3　集线器

图 6-4　交换机

4）安全设备包括防火墙、入侵检测系统、认证系统、加密解密系统、防病毒工具、漏洞扫描系统、审计系统、访问控制系统等。

5）资源设备包括连在网络上的所有存储数据、提供信息、使用数据和输入/输出数据的设备。常用的资源设备有服务器、工作站、数据存储设备、网络打印设备等。

（2）软件

软件主要包括各种实现资源共享的软件和方便用户使用的各种工具软件，如网络操作系统、邮件收发程序、FTP（file transfer protocol，文件传输协议）程序、聊天程序等。软件部分多属于应用层。

（3）协议

协议是计算机网络的核心，如同汽车驾驶的交通规则一样，协议规定了网络传输数据所遵循的规范。网络系统不同，网络协议也不同。例如，Netware 系统的协议是 IPX/SPX，Windows 操作系统则支持 TCP/IP（transmission control protocol/internet protocol，传输控制协议/互联网协议）协议。

2．网络的拓扑结构

网络拓扑结构是指网上计算机与传输媒介之间形成的结点与线的组成模式，可以按如图 6-5 所示的方式组成网络。其中图 6-5（a）为多台计算机两两相连组成一个闭合的环形网络，数据沿环传送；图 6-5（b）为多台计算机同时与中央的计算机相连组成一个星形网络，星形网络的结点有主从之分，各从结点之间不能直接通信，必须经由主结点（或称中心结点）转接；图 6-5（c）为多台计算机以同等地位连接一个标准的通信线路上组成总线型网络，一台计算机既可以是信源，也可以是信宿，既可以发送信息，也可以接收信息，还可以接收再发送信息。除此之外，还可以将计算机连接成树形、网形等。每种结构各有利弊，在实际应用中，其拓扑结构常常不是单一的，而是混合型的。

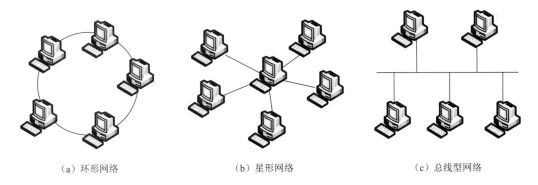

（a）环形网络　　　　　　（b）星形网络　　　　　　（c）总线型网络

图 6-5　网络的典型拓扑结构

6.1.2　有线局域网

有线局域网是指计算机组网的传输媒介主要依赖电缆或光缆，从而构成有线局域网。

1. 两台计算机的有线连接

两台近距离的计算机之间进行通信的典型连接方式如图 6-6 所示。计算机既是信源，又是信宿，载体是电缆。将计算机与电缆进行连接的就是网卡。

图 6-6　近距离的两台计算机连接

2. 多台计算机的局域网有线连接

当有多台计算机在小范围内需要进行网络连接时，需要考虑这些计算机之间的物理连接方式，即网络的拓扑结构及通信特点，同时也需要一些连接设备，如连接器和集线器等。一些简单的有线局域网连接如图 6-7 所示。

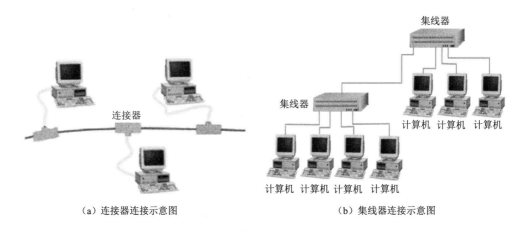

（a）连接器连接示意图　　　　　　　（b）集线器连接示意图

图 6-7　简单的有线局域网连接

集线器开始时也只是一台多端口的连接器，用多个端口可以将计算机连接起来，每个端口通过双绞线与计算机上的网卡相连。当集线器的端口收到某一台计算机发出的数据时，就通知所有其他各端口，然后发送给各个计算机。可以利用集线器将更多的计算机连成一个较大的局域网。随着发展，集线器的功能也在增加，如处理数据、监视数据、传输和过滤数据、排除故障信息等功能。利用连接器和集线器等网络连接设备，便可以构成一个结构复杂的有线局域网。

在这种连接方式中，各台计算机具有同等的地位，拥有相同的权利，虽然做到了资源共享，但对共享资源管理是很不够的，也是不够安全的。例如，某一台计算机可能需要使用连接到另一台计算机上的共享资源，但另一台计算机可能没有开机或没有提供相应的服务，此时资源就不能使用。因此，在一个组织内，更多情况是建立基于服务器的局域网络，其连接示意图如图 6-8 所示。在这种局域网络中，计算机分为服务器和客户机两种类型。服务器是集中管理共享资源、提供网络通信及各种网络服务的计算机系统，它一般运行网络操作系统，建立客户机之间的通信联系；客户机是网络上的个人计算机，一般称为工作站，工作站之间交流信息要通过网络的服务器来进行。在这种网络中，服务器的负荷通常会比其他工作站的负荷要高。这种网络的成本较高，系统配置比较复杂，但功能及安全性较高。

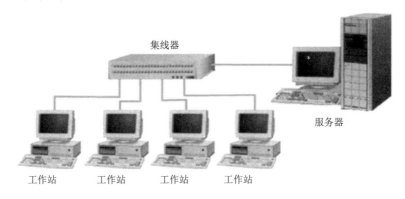

图 6-8　服务器/客户机模式连接示意图

6.1.3　无线局域网

无线局域网（wireless local-area network，WLAN）是计算机网络与无线通信技术相结合的产物，通常利用射频技术、无线通信信号来组建。与有线网络相比，WLAN 具有灵活性和移动性的优点，在无线信号覆盖区域内任何位置都可以接入网络，而且连接到 WLAN 的用户是可以移动的。

但 WLAN 也存在一些缺陷：WLAN 依靠无线电波传输，这些电波通过无线发射装置发射，而建筑物、墙壁、树林和其他障碍物都能阻碍电磁波传输，所以会影响网络传输性能。

1. WLAN 设备

常见 WLAN 组网设备包括无线客户端、无线网卡、天线、无线接入点（wireless access points，WAP）、无线控制器（wireless access point controller，AC）、无线交换机（wireless switch，WS）、无线路由器等。

（1）无线客户端

无线客户端是可以实现无线连接的终端，如笔记本式计算机、台式计算机、打印机、投影仪和智能手机等。无线网卡用于实现无线终端设备与无线网络的连接。

（2）天线

天线（图 6-9）用于发送和接收无线信号，提高无线设备信号强度。当无线工作站与无线接入点相距较远时，随着信号减弱，传输速率会下降。此时借助天线对接收信号进行增益（天线获得信号强度提升称为增益），增益越高，传输距离越远。

图 6-9　各种类型的天线

（3）无线接入点

连接无线网络中的客户端设备可以通过无线接入点连接到有线网中，实现无线和有线连接。无线接入点的接入功能等同于有线网中的集线器。当网络中增加一台无线接入点后，即可成倍扩展无线网络的覆盖直径，容纳更多的无线设备接入。

（4）无线路由器

无线路由器（图 6-10）是综合无线接入点和路由功能的复合设备，它主要用于用户上网和无线覆盖。通过路由功能实现家庭 ADSL（asymmetric digital subscriber line，非对称数字用户线）、无线路由器和 Internet 连接。

图 6-10　无线路由器

2．WLAN 组网模式

（1）Ad-Hoc 组网模式

Ad-Hoc 组网模式和直连双绞线概念一样，是两台终端设备采用点对点的方式连接。Ad-Hoc 结构是一种省去了无线中介设备接入点而搭建起来的对等网络结构，只要安装了无线网卡，计算机彼此之间即可实现无线互联。其原理是网络中的一台计算机主机建立点到点连接，相当于虚拟接入点，而其他计算机就可以直接通过这个点对点连接进行网络互联与共享，如图 6-11 所示。

（2）Infrastructure 组网模式

Infrastructure 组网模式通过接入点实现无线设备互联，网络中的所有通信都通过无线接入点接收转发，类似有线网中的星形拓扑。可以把接入点看作传统局域网中的集线器，接入点作为无线局域网和有线网之间的桥梁，如图 6-12 所示。

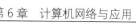

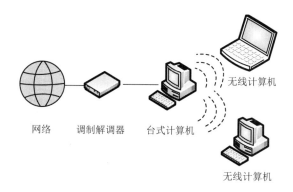

图 6-11　Ad-Hoc 组网模式

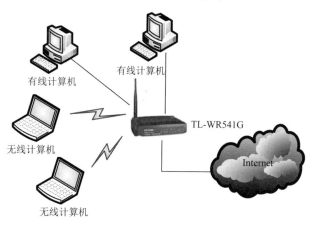

图 6-12　Infrastructure 组网模式

6.2　Internet 与 Internet 接入

 学习目标

- 了解 Internet 的发展历史。
- 了解 Internet 的网络协议和体系结构。
- 熟悉接入 Internet 的方法。
- 了解生活中保护网络信息安全的几种措施。

6.2.1　Internet 概述

Internet 是一组全球信息资源的总汇。有一种粗略的说法，认为 Internet 是由许多小的网络（子网）互联而成的一个逻辑网，每个子网中连接着若干台计算机（主机）。Internet 以相互交流信息资源为目的，基于一些共同的协议，并通过许多路由器和公共互联网互联而成，它是一个信息资源和资源共享的集合。

Internet 的前身是美国国防部高级研究计划局（Defense Advanced Research Projects Agency，DARPA）主持研制的 ARPAnet。20 世纪 50 年代末正处于冷战时期，当时美国军方为了自己的计算机网络在受到袭击时，即使部分网络被摧毁，其余部分仍能保持通信联系，便由 DARPA 建设了一个军用网，称为 ARPAnet（阿帕网）。ARPAnet 于 1969 年正式启用，当时仅连接了 4 台计算机，供科学家们进行计算机联网实验使用，这就是 Internet 的前身。

到 20 世纪 70 年代，ARPAnet 已经有了好几十个计算机网络，但是每个网络只能在网络内部的计算机之间互联通信，不同计算机网络之间仍然不能互通。为此，DARPA 又设立了新的研究项目，支持学术界和工业界进行有关的研究，研究的主要内容就是想用一种新的方法将不同的计算机局域网互联，形成互联网。研究人员称之为 Internetwork，简称 Internet，这个名词一直沿用到现在。

如今的 Internet 无疑是世界上有史以来由人类创造并精心设计的最大系统，其中有数以亿计相连的计算机、通信链路和交换机，连接着数以亿计的 PC、智能手机等设备，而随着物联网技术的发展，还有一大批新型设备将加入其中。

1．网络协议

TCP/IP 设置

Internet 依靠 TCP/IP，在全球范围内实现不同硬件结构、不同操作系统、不同网络系统的互联。基于 TCP/IP 协议的参考模型将协议分为 4 个层次，分别是应用层、传输层（主机到主机）、网络互联层和网络接入层。

1）应用层：是网络应用程序及它们的应用层协议存留的地方，负责处理特定的应用程序细节。其中，包含 HTTP（hypertext transfer protocol，超文本传送协议）、SMTP（simple mail transfer protocol，简单邮件传送协议）、SNMP（simple network management protocol，简单网络管理协议）、FTP 等协议。

2）传输层：是一个面向连接的协议，为应用层实体提供端到端的通信功能，保证了数据包的顺序传送及数据的完整性，包括提供流量控制、差错控制、服务质量等管理服务。该层定义了两个主要的协议：TCP（transmission control protocol，传输控制协议）和 UDP（user datagram protocol，用户数据报协议），其中 TCP 提供的是一种可靠的、通过"三次握手"来连接的数据传输服务。

3）网络互联层：主要解决主机到主机的通信问题。它所包含的协议涉及数据包在整个网络上的逻辑传输，注重重新赋予主机一个 IP 地址来完成对主机的寻址，它还负责数据包在多种网络中的路由。该层有 3 个主要协议：IP（internet protocol，互联网协议）、ICMP（internet control message protocol，互联网控制报文协议）、IGMP（internet group management protocol，互联网组管理协议）。

4）网络接入层（主机-网络层）：负责监视数据在主机和网络之间的交换。事实上，TCP/IP 本身并未定义该层的协议，而由参与互联的各网络使用自己的物理层和数据链路层协议，然后与 TCP/IP 的网络接入层进行连接。

2. IP 地址与域名系统

在 IPv4 版本中，现在的 Internet 给每一台上网计算机的网卡接口分配了一个在全世界范围内唯一的 32 位长的二进制数字编号，这个编号就是 IP 地址。IP 地址常使用点分十进制表示，如 202.112.0.36。

（1）IP 地址的分类

IP 地址的格式由 Internet 标准文档 RFC（request for comments，征求意见稿）进行规定，IP 地址的分配统一由因特网编号分配机构（Internet assigned numbers authority，IANA）组织来管理。

IP 地址分为网络地址和主机地址两部分。处于同一网络内的主机，其网络地址部分是相同的，主机地址部分则标识了该网络中的某个具体结点，如工作站、服务器、路由器等。

IP 地址分为 A、B、C、D、E 5 类（表 6-1），其中 A 类地址适用于拥有大量主机的大型网络，B 类地址一般用于中等规模的网络，C 类地址一般用于规模较小的局域网（A、B、C 类地址是主类地址），D 类地址为组播地址，E 类地址保留给将来使用。

表 6-1　IP 地址的分类结构

位	0	1	2	3	4 … 7	8 … 15	16 … 23	24 … 31
A 类地址	0	网络号 1～127				主机号		
B 类地址	1	0	网络号 128.0～191.0				主机号	
C 类地址	1	1	0	网络号 192.0.0～223.255.255				主机号
D 类地址	1	1	1	0	多站播送地址			
E 类地址	1	1	1	1	保留			

（2）子网掩码

IP 地址的主机地址部分再划分为子网地址和主机地址的方式，形成了三级寻址的格局。这种三级寻址方式需要子网掩码的支持，通过子网掩码来告知本网是如何进行子网划分的。

在计算机网络规划中，通过子网技术将单个大网划分为多个子网，并由路由器等网络互联设备连接。它的优点在于融合不同的网络技术，通过重定向路由达到减轻网络拥挤、提高网络性能的目的。

子网掩码由一连串的"1"和一连串的"0"组成。"1"对应于网络号和子网号字段，而"0"对应于主机号字段。

当 IP 分组根据网络地址到达目标网络后，网络边界路由器把 32 位的 IP 地址与子网掩码进行逻辑"与"运算，从而得到子网地址，并据此转发到适当的子网中。

子网掩码是一个 32 位的二进制地址，其表示方式如下：

1）凡是 IP 地址的网络和子网标识部分，用二进制数 1 表示。

2）凡是 IP 地址的主机标识部分，用二进制数 0 表示。

3）用点分十进制书写。

子网掩码拓宽了 IP 地址的网络标识部分的表示范围，其作用如下：

1）屏蔽 IP 地址的一部分，以区分网络标识和主机标识。

2）说明 IP 地址是在本地局域网上，还是在远程网上。

各类地址的默认子网掩码如下。

1）A 类：255.0.0.0。

2）B 类：255.255.0.0。

3）C 类：255.255.255.0。

常用网络工具

（3）域名系统

在 Internet 上访问网站、收发文件、下载文件时，如果都需要输入 IP 地址，对于众多的以数字表示的一长串 IP 地址，人们记忆起来非常困难。为此，引入了域名系统（domain name system，DNS）的概念。通过为每台主机建立 IP 地址与域名之间的映射关系，用户在网上可以使用域名来唯一标识网上的计算机。域名和 IP 地址之间的关系就像是一个人的姓名和他的身份证号码之间的关系，显然，记忆一个人的姓名比记忆身份证号码容易得多。

域名系统是一个遍布在 Internet 上的分布式主机信息数据库系统，采用客户机/服务器工作模式。域名服务器负责管理存放主机名和 IP 地址的数据库文件，以及域中的主机名和 IP 地址映射。域名服务器分布在不同的地方，它们之间通过特定的方式进行联络，这样可以保证用户通过本地域名服务器查找到 Internet 上所有的域名信息。域名系统是一种包含主机信息的逻辑结构，它并不反映主机所在的物理位置。同 IP 地址一样，Internet 上主机的域名具有唯一性。按照 Internet 域名管理系统规定，入网的计算机应具有类似于下列结构的域名（不是固定的）：节点名.三级域名.二级域名.一级域名。域名各部分之间用 "." 隔开。

例如，金华职业技术学院教务处域名为 jww. jhc.cn。从右向左，它的一级域名（又称顶级域名）是中国 cn，第 2 级域名是金华职业技术学院 jhc，第 3 级域名是教务处主机名 jww。

为了保证域名系统具有通用性，Internet 国际特别委员会制定了一组通用标准代码作为顶级域名，并将其分为机构域和地理域两类。

顶级机构性域名，是指在机构域名中最右端的末尾一般是 3 个字母的最高域字段。顶级机构性域名目前共有 74 种，部分如表 6-2 所示。由于 Internet 诞生在美国，当时只为美国的几类机构指定了一级域名并延续至今，因此大多数的域名为美国、北美或与美国有关的机构所用，只有 com、org、net 成为全世界通用。

表 6-2　部分顶级机构性域名

域名	意义	域名	意义	域名	意义
com	商业组织	edu	教育机构	gov	政府部门
int	国际组织	mil	军事部门	net	网络机构
org	非营利组织	art	文化娱乐	rec	康乐活动
firm	公司企业	info	信息服务	nom	个人
stor	销售单位	web	与 WWW 有关单位	—	—

顶级地理性域名，是指根据地理位置来命名主机所在的区域。顶级地理性域名用两个字母表示世界各国和地区的代码，如表 6-3 所示。

表6-3　部分顶级地理性域名

域名	意义	域名	意义	域名	意义
cn	中国	jp	日本	Se	瑞典
de	德国	kr	韩国	It	意大利
us	美国	sg	新加坡	—	—

在我国域名体系的二级域名注册中，也遵守机构性和地理性域名注册方法。行政区域名用两个字符的汉语拼音表示，如 bj 表示北京、sh 表示上海。我国常用机构类别域名如表 6-4 所示。

表6-4　我国常用机构类别域名

域名	意义	域名	意义	域名	意义
ac	科研机构	edu	教育机构	net	网络机构
com	工商金融	gov	政府部门	org	非营利组织

6.2.2　Internet 接入

由于接入国际互联网需要租用国际信道，其成本对于一般用户是无法承担的。Internet 服务提供者（Internet service provider，ISP）是用户接入 Internet 的驿站和桥梁。当计算机连接 Internet 时，它并不直接连接到 Internet，而是采用某种方式与 ISP 提供的某一台服务器连接起来，通过它再接入 Internet。

国内主要的 ISP 有中国电信、中国联通、中国移动、中国教育和科研计算机网、中国金桥信息网等。一般家庭式接入宽带选择前 3 个 ISP。

常见的 Internet 接入方式主要有拨号接入方式、专线接入方式、无线接入方式和局域网接入方式，如表 6-5 所示。

表6-5　常见 Internet 接入方式

接入方式	接入类型
拨号接入方式	1）普通 Modem 拨号接入方式（现在基本不用）。 2）ISDN 拨号接入方式（现在基本不用）。 3）ADSL 虚拟拨号接入方式
专线接入方式	1）Cable Modem 接入方式（向广播电视部门申请）。 2）DDN 专线接入方式（向本地 ISP 申请）。 3）光纤接入方式（向本地 ISP 申请）
无线接入方式	1）GPRS 接入技术（向本地 ISP 申请）。 2）蓝牙技术和 HomeRF 技术（向本地 ISP 申请）
局域网接入方式	1）NAT（网络地址转换）。 2）代理服务器

例如，FTTH（fiber to the home，光纤到户）方式，作为入户线路的光纤由运营商提供，光纤插入 ONU（光猫）后通过光猫下联口接入家中的路由器，连接方式如图 6-13 所示。

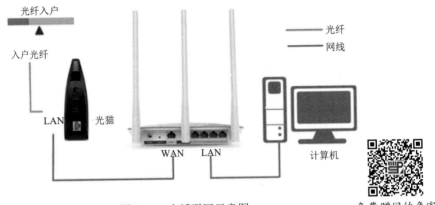

图 6-13　光纤联网示意图

免费蹭网的危害

6.2.3　Internet 信息安全

Internet 信息安全是指对网络信息系统中的硬件、软件及系统中的数据进行有效的保护，防止因为偶然或恶意的原因使系统数据遭到破坏、更改和泄露，保证信息系统的正常运行，信息服务不中断。信息安全包括信息的保密性、真实性、完整性、未授权复制和所寄生系统的安全性。

1．信息安全的主要威胁

在信息系统的运行过程中，除自然灾害、意外事故等非人为因素外，信息安全威胁主要来自人为因素。常见的信息安全威胁有以下几个方面。

（1）网络攻击

1）主动攻击：包含攻击者访问所需要信息的故意行为。

2）被动攻击：主要是收集信息而不是进行访问，数据的合法用户对这种活动一点也不会觉察到。

（2）木马病毒

木马病毒一般是在下载安装一些不安全的软件和浏览一些不安全的网站时侵入到计算机中的，建议不要浏览不安全的网站且不要安装不安全的软件。

木马病毒的危害与防范

（3）伪基站

伪基站即假基站。伪基站设备是一种高科技仪器，一般由主机和笔记本式计算机组成，通过短信群发器、短信发信机等相关设备能够搜取以其为中心、一定半径范围内的手机卡信息，通过伪装成运营商的基站，任意冒用他人手机号码强行向用户手机发送诈骗、广告推销等短信。

（4）APT 攻击

APT（advanced persistent threat，高持续性威胁）是指利用先进的攻击手段对特定目标进行长期持续性网络攻击的攻击形式。APT 攻击的原理相对于其他攻击形式更为高级和先进，其高级性主要体现在 APT 在发动攻击之前需要对攻击对象的业务流程和目标系统进行精确收集。在此收集的过程中，此攻击会主动挖掘被攻击对象受信系统和应用程序的漏洞，利用这些漏洞组建攻击者所需的网络，并利用 0day 漏洞进行攻击。

（5）无线网络

随着移动设备的爆炸式增长，各种笔记本式计算机、智能手机、平板计算机都已快速融入人们的日常生活，而一些公共场所（如咖啡厅、宾馆等）所提供的无线网络安全问题也成为关注焦点。黑客可以很轻易地通过公共无线网络侵入个人移动设备，获取隐私信息等。

2. 网络信息安全措施

网络安全的主要威胁是恶意攻击，因此必须对面临的威胁进行风险评估，选择相应的安全机制，集成先进的安全技术，形成一个全方位的安全系统。

（1）信息安全技术

通过信息技术产品可以从技术上解决一般的安全问题，包括数据备份与恢复问题、网络攻击检测与防范问题、安全漏洞与安全对策问题、防病毒问题、信息安全保密问题。目前主要的安全技术产品如下。

1）防火墙。在某种意义上，防火墙可以说是一种访问控制产品。它在内部网络与不安全的外部网络之间设置障碍，阻止外界对内部资源的非法访问，防止内部对外部的不安全访问。防火墙可以较为有效地防止黑客利用不安全的服务对内部网络的攻击，并且能够实现数据的监控、过滤、记录和报告，较好地隔断内部网络与外部网络的连接。但是防火墙本身也存在安全问题，也可能会成为一个瓶颈。

2）用户认证产品。例如，IC 卡（integrated circuit card，集成电路卡）被广泛地用于用户认证产品中，用来存储用户的个人私钥，并与其他技术（动态口令）相结合，对用户身份进行有效的识别。同时，还可利用 IC 卡上的个人私钥与数字签名技术结合，实现数字签名机制。随着模式识别技术的发展，指纹、视网膜、脸部特征等高级身份识别技术也逐渐投入应用，并与数字签名等现有技术结合，必将使用户身份的认证和识别更加完善。

3）CA（certification authority，认证机构）和 PKI（public key infrastructure，公钥基础设备）。CA 作为通信的第三方，为各种服务提供可信的认证服务。CA 可向用户发行电子签证证书，为用户提供成员身份验证和密钥管理等功能。PKI 可以提供更多的功能和更好的服务，将成为所有应用的计算基础结构的核心部件。

4）安全管理中心。由于网上的安全产品较多，且分布在不同的位置，因此就需要建立一套集中管理的机制和设备，即安全管理中心。它用来给各网络安全设备分发密钥，监控网络安全设备的运行状态，负责收集网络安全设备的审计信息等。

（2）信息安全管理

使用计算机网络的机构和个人可以建立相应的网络安全管理办法，主要包括建立合适的网络安全管理系统，加强用户管理和授权管理，建立安全审计和跟踪体系，以及有效的计算机系统安全策略等，达到提高整体的网络安全的目的。

在当前的网络环境中，只要将计算机连接到网络中，就存在病毒、木马和黑客程序等恶意攻击的威胁。保证计算机系统安全是保证网络和信息安全的基础。一般情况下，为了保证系统安全，用户通常会安装防火墙、杀毒软件等，忽视操作系统本身的安全性设置。其实操作系统本身有严格的安全性机制，结合 NTFS 权限和注册表权限完全可以实现系统的全方位的安全配置；同时由于这是系统内置的功能，与系统无缝结合，不会占用额外的 CPU 及内存资源。此外，由于其位于系统的最底层，其拦截能力也是其他软件所无法比拟的，其不足之处就是设置复杂。

6.3　Internet 与大数据

什么是大数据

 学习目标

- 理解大数据的概念。
- 掌握大数据的 5 个基本特点。
- 了解大数据的典型应用。
- 理解和建立大数据思维。

6.3.1　大数据概述

早在 1983 年，阿尔文·托夫勒便在《第三次浪潮》一书中，将大数据热情地赞颂为第三次浪潮的华彩乐章。不过，大约从 2009 年开始，大数据才成为互联网信息技术行业的流行词汇。美国互联网数据中心指出，互联网上的数据每年将增长 50%，每两年便将翻一番，而目前世界上 90% 以上的数据是最近几年才产生的。此外，数据又并非单纯指人们在互联网上发布的信息，全世界的工业设备、汽车、电表上有着无数的数码传感器，随时测量和传递着有关位置、运动、震动、温度、湿度乃至空气中化学物质的变化，这些也产生了海量的数据信息。从海量数据中提纯出有用的信息，正是印证了全球复杂网络研究权威、美国物理学会院士巴拉巴西在《爆发》一书中提出的一个颠覆性的观点：人类行为的 93% 是可以预测的，而剩下的那 7% 无法预测的行为则改变了世界。但数据提纯对网络架构和数据处理能力而言也是巨大的挑战。

在经历了几年的批判、质疑、讨论、炒作之后，大数据终于迎来了属于它的时代。2012 年 3 月 22 日，奥巴马政府宣布投资 2 亿美元拉动大数据相关产业发展，将大数据战略上升为国家战略。奥巴马政府甚至将大数据定义为未来的新石油。

关于大数据的定义有很多，维基百科对大数据的定义：大数据是指利用常用软件工具捕获、管理和处理数据所耗时间超过可容忍时间的数据集。也就是说，大数据是一个体量特别大、数据类别特别多的数据集，并且这样的数据集无法用传统数据库工具对其内容进行抓取、管理和处理。

研究机构 Gartner 对大数据的定义：大数据是指需要新处理模式才能具有更强的决

策力、洞察发现力和流程优化能力的海量、高增长率和多样化的信息资产。

百度百科对大数据的定义：大数据，指无法在一定时间范围内用常规软件工具进行捕捉、管理和处理的数据集合，是需要新处理模式才能具有更强的决策力、洞察发现力和流程优化能力的海量、高增长率和多样化的信息资产。

归结各种定义，大数据有以下 5 个特点，也称 5V。

1. 数据容量大

数据容量大（volumes），一般规模在 10TB 左右。数据的大小决定所考虑的数据的价值和潜在的信息，但在实际应用中，很多企业用户把多个数据集放在一起，已经形成了 PB 级的数据量。百度资料表明，其新首页导航每天需要提供的数据超过 1.5PB（1PB=1024TB），这些数据如果打印出来将超过 5000 亿张 A4 纸。有资料证实，截至 2012 年，人类生产的所有印刷材料的数据量仅为 200PB。

2. 数据种类多

数据种类多（variety），数据来自多种数据源，数据种类和格式日渐丰富，已冲破了以前所限定的结构化数据范畴，囊括了半结构化和非结构化数据。现在的数据类型不仅是文本形式，更多的是图片、视频、音频、地理位置信息等多类型的数据，个性化数据占绝大多数。

3. 处理速度快

处理速度快（velocity），在数据量非常庞大的情况下，也能够做到数据的实时处理。数据处理遵循"1 秒定律"，可从各种类型的数据中快速获得高价值的信息。

4. 数据真实性高

数据真实性高（veracity），数据的准确性和可信赖度高。随着社交数据、企业内容、交易与应用数据等新数据源的兴起，传统数据源的局限被打破，企业越发需要有效的信息以确保其真实性及安全性。

5. 数据价值密度相对较低（value）

数据价值密度相对较低（value），随着互联网及物联网的广泛应用，信息感知无处不在，信息海量但价值密度较低。以监控视频为例，在 1h 不间断的监控过程中，有用的数据可能仅仅只有一两秒。

大数据技术的战略意义不在于掌握庞大的数据信息，而在于对这些含有意义的数据进行专业化处理。换言之，如果把大数据比作一种产业，那么这种产业实现盈利的关键，在于提高对数据的"加工能力"，通过"加工"实现数据的"增值"。

大数据需要特殊的技术，以有效地处理大量的容忍时间内的数据。适用于大数据的技术，包括大规模并行处理（massively parallel processing，MPP）数据库、数据挖掘、分布式文件系统、分布式数据库、云计算平台、互联网和可扩展的存储系统。

6.3.2　大数据的应用

大数据在物理学、生物学、环境生态学等领域，以及金融、通信等行业存在已有时日，却因为近年来互联网和信息行业的发展而引起人们的关注。大数据时代最有意义的就是利用大数据及大数据技术创造价值。大数据的应用可以分为企业应用和政府应用，其关注点有所不同。

为什么要研究大数据

1.　大数据在企业中的应用

（1）医疗行业

医疗行业拥有大量的病例、病理报告、治愈方案、药物报告等，如果这些数据可以被整理和应用，将会极大地帮助医生和患者。在发现诊断疾病时，疾病的确诊和治疗方案的确定是最困难的。在未来，借助于大数据平台，我们可以收集不同病例和治疗方案，以及患者的基本特征，可以建立针对疾病特点的数据库。如果未来基因技术发展成熟，可以根据患者的基因序列特点进行分类，建立医疗行业的患者分类数据库。在医生诊断患者时可以参考患者的疾病特征、化验报告和检测报告，参考疾病数据库来快速帮助患者确诊，明确定位疾病。在制定治疗方案时，医生可以依据患者的基因特点，调取相似基因、年龄、人种、身体情况相同的有效治疗方案，制定出适合患者的治疗方案，帮助更多人及时进行治疗。同时，这些数据也有利于医药行业开发出更加有效的药物和医疗器械。医疗行业的数据应用一直在进行，但是数据没有打通，都是孤岛数据，无法进行大规模应用。未来需要将这些数据统一收集起来，纳入统一的大数据平台，为人类健康造福。

（2）生物技术行业

大数据在生物技术行业中的应用主要是指大数据技术在基因分析上的应用。通过大数据平台，人类可以将自身和生物体基因分析的结果进行记录和存储，建立基于大数据技术的基因数据库。大数据技术将会加速基因技术的研究，快速帮助科学家进行模型的建立和基因组合的模拟计算。基因技术是人类未来战胜疾病的重要武器，借助于大数据技术的应用，人们将会加快自身基因和其他生物的基因的研究进程。未来利用生物基因技术来改良农作物，利用基因技术来培养人类器官，利用基因技术来消灭害虫都将实现。

（3）金融行业

大数据在金融行业中的应用范围较广，典型的案例有花旗银行利用 IBM 沃森计算机为财富管理客户推荐产品；美国银行利用客户点击数据集为客户提供特色服务，如信用额度；招商银行利用客户刷卡、存取款、电子银行转账、微信评论等行为数据进行分析，每周给客户发送针对性广告信息，里面有顾客可能感兴趣的产品和优惠信息。

（4）零售行业

零售行业大数据应用有两个层面，一个层面是零售行业可以了解客户消费喜好和趋势，进行商品的精准营销，降低营销成本；另一层面是依据客户购买的产品，为客户提供可能购买的其他产品，扩大销售额，这也属于精准营销范畴。另外，零售行业可以通过大数据掌握未来消费趋势，有利于热销商品的进货管理和过季商品的处理。零售行业的数据对于产品生产厂家是非常宝贵的，零售商的数据信息将有助于资源的有效利用，降低产能过剩，厂商依据零售商的信息按实际需求进行生产，减少不必要的生产浪费。

（5）电子商务业

电子商务业是最早利用大数据进行精准营销的行业。除精准营销外，商户可以依据客户消费习惯提前为客户备货，并利用便利店作为货物中转点，在客户下单 15min 内将货物送上门，提高客户体验。菜鸟网络宣称的 24h 完成在中国境内的送货，以及京东宣传的未来京东将在 15min 完成送货上门，这些都是基于客户消费习惯的大数据分析和预测。电商平台可以利用其交易数据和现金流数据为其生态圈内的商户提供基于现金流的小额贷款，也可以将此数据提供给银行，同银行合作为中小企业提供信贷支持。由于电子商务业的数据较为集中，数据量足够大，数据种类多，因此未来该行业数据应用将会有更多的想象空间，包括预测流行趋势、消费趋势、地域消费特点、客户消费习惯、各种消费行为的相关度、消费热点、影响消费的重要因素等。依托大数据分析，电子商务业的消费报告将有利于品牌公司产品设计、生产企业的库存管理和计划生产、物流企业的资源配置、生产资料提供方产能安排等，有利于精细化社会化大生产和精细化社会的出现。

（6）农牧业

大数据在农牧业上的应用主要是指依据未来商业需求的预测来进行农牧产品生产，降低菜贱伤农的概率。同时，大数据的分析将会更加精确地预测未来的天气气候，帮助农牧民做好自然灾害的预防工作。大数据会帮助农民依据消费者消费习惯决定来增加哪些品种的种植，减少哪些品种农作物的生产，提高单位种植面积的产值，同时有助于快速销售农产品，完成资金回流；牧民可以通过大数据分析安排放牧范围，有效利用牧场；渔民可以利用大数据安排休渔期，定位捕鱼范围等。

2. 大数据在政府中的应用

利用提供的全局的数据、准确的数据、高效的数据，政府可以实现精细化管理。政府依托于大数据和大数据技术，可以及时得到更加准确的信息。利用这些信息，政府可以更加高效地管理国家，实现精细化资源配置和宏观调控。

（1）交通

交通的大数据应用主要体现在两个方面，一方面，可以利用基于大数据分析的传感器数据了解车辆通行密度，合理进行道路规划，包括单行线路规划；另一方面，可以利用大数据实现即时信号灯调度，提高已有线路的运行能力。科学地安排信号灯是一项复杂的系统工程，利用大数据计算平台可以计算出较为合理的方案。科学的信号灯安排将会提高 30% 左右已有道路的通行能力。美国曾依据某一路段的交通事故信息增设了信号灯，降低了 50% 以上的交通事故率。机场的航班起降依靠大数据将会提高航班管理的效率；航空公司利用大数据可以提高上座率，降低运行成本。铁路利用大数据可以有效安排客运和货运列车，提高效率，降低成本。

（2）天气预报

借助于大数据技术，天气预报的准确性和实效性将会大大提高。对于重大自然灾害，如龙卷风，通过大数据计算平台，人们将会更加精确地了解其运动轨迹和危害等级，有利于帮助人们提高应对自然灾害的能力。天气预报准确度的提升和预测周期的延长也将有利于农业生产的安排。

（3）宏观调控和财政支出

政府利用大数据技术可以了解各地区的经济发展情况、各产业发展情况、消费支出和产品销售情况，并依据数据分析结果，科学地制定宏观政策，平衡各产业发展，避免产能过剩，有效利用自然资源和社会资源，提高社会生产效率。大数据还可以帮助政府监控自然资源的管理，如国土资源、水资源、矿产资源、能源等，大数据通过各种传感器提高其管理的精准度。同时，大数据技术也能帮助政府进行支出管理，透明合理的财政支出将有利于提高政府的公信力和监督财政支出。

大数据及大数据技术带给政府的不仅仅是效率提升、科学决策、精细管理，更重要的是数据治国、科学管理的意识改变，未来大数据将会从各个方面来帮助政府实施高效和精细化管理。政府运作效率的提升、决策的科学客观、财政支出合理透明都将大大提升国家整体实力，成为国家竞争优势。大数据带给国家和社会的益处将会具有极大的想象空间。

（4）社会群体自助及犯罪管理

政府正在将大数据技术用于舆情监控，其收集到的数据除用于了解民众诉求、减少群体事件外，还可以用于犯罪管理。大量的社会行为正逐步走向互联网，人们更愿意借助互联网平台来表述自己的想法和宣泄情绪。社交媒体和朋友圈正成为追踪人们社会行为的平台，正能量的东西有，负能量的东西也不少。一些好心人通过微博来帮助别人寻找走失的亲人或提供可能被拐卖人口的信息，这是社会群体互助的例子。政府可以利用社交媒体分享图片和交流信息以收集个体情绪信息，预防个体犯罪行为和反社会行为。警方曾通过微博信息抓获了聚众吸毒的人、处罚了虐待孩子的家长等。

6.3.3 培养大数据思维

大数据真正的本质不在于"大"，而在于背后与互联网相通的一整套新的思维。可以说，大数据的价值核心就是大数据思维。

1. 由样本思维到全量思维

以前，我们通常是用样本数据研究来进行数据分析，样本是指从总体数据中按随机抽取的原则采集的部分数据。这是因为传统的技术手段很难进行大规模的全量分析。例如，以前进行全国人口普查，需要大量基层人员挨家挨户地入户登记。这种统计方式工作周期长、效率低下，但由于受到技术条件的制约，也只能这样做。户口登记完成后，一个阶段内分析人员都是基于样本思维在做分析和推测。而到了大数据时代，很多信息已经实时数据化、联网化，同时新的大数据技术可以快速高效地处理海量数据。这让我们花费更低的成本、更低的代价就能很容易做到全量分析。样本分析是以点带面、以偏概全的思维，而全量分析真正反映了全部数据的客观事实。现在，大数据时代已经来临，我们要从样本思维转化到全量思维。

2.　由精准思维到模糊思维

由于数据量小，因此在进行传统数据分析时，我们可以实现精准化，甚至细化到单条记录。另外，出现异常时，还能对单条数据做异常原因等深究工作。但是，随着信息技术的发展，数据空前爆发，短时间内就会产生巨量的数据，这种情况下关注细节已经很难了。另外，即使基于精准分析得出了规律，其在海量数据面前很有可能产生变异甚至突变。所以，在大数据时代，我们的分析更强调大概率事件，即模糊性。这不等于我们抛弃了严谨的精准思维，而是我们应该增加大数据下的模糊思维。例如，Google 公司对流感的预测就是一种模糊思维。Google 公司通过人们的搜索记录来预测某个地区发生流感的可能性，虽然这种预测不可能绝对精准，但概率却很高。

3.　由因果思维到关联思维

因果思维在我们的头脑中根深蒂固，因为从小就接受了这种训练和培养。所以，当我们看到问题和现象时，总是不断问自己为什么。但学习数据挖掘的人都知道"啤酒与尿布"的故事，这个故事和全球最大的零售商沃尔玛有关。沃尔玛的工作人员在按周期统计产品的销售信息时，发现了一个非常奇怪的现象：每到周末的时候，超市里啤酒和尿布的销量就会突然增大。为了了解其中的原因，他们派出工作人员进行调查。通过观察和走访之后，他们了解到，在美国有婴幼儿的家庭中，太太会嘱咐丈夫在周末采购时购买尿布，而丈夫们在拿完尿布后会顺手带上自己爱喝的啤酒，因此周末时啤酒和尿布销量一起增长。查明原因后，沃尔玛打破常规，尝试将啤酒和尿布摆在一起，结果使啤酒和尿布的销量双双激增，为公司带来了巨大的利润。通过这个故事我们可以看出，本来尿布与啤酒是两个风马牛不相及的东西，但如果关联在一起，销量就增加了。在数据挖掘中，有一个算法称为关联规则分析，该算法就是挖掘数据关联的特征。

对于因果关系和关联关系，我们还可以通过一个调查来加深理解。

基于大数据调查后发现，医院是排在心脏病、脑血栓之后的人类第三大死亡原因，全球每年有大量的人死于医院。当然，这个结论很可笑，因为我们都清楚地知道，死于医院的原因是这些人本来就患有疾病，碰巧在医院去世了而已，并非医院导致其死亡。于是，医院和死亡建立了一种相关关系，但这两者之间并不存在因果关系。

在大数据时代，我们不能局限于因果思维，而要多用关联思维看待问题。

4.　由自然思维到智能思维

自然思维是一种线性、简单、本能、物理的思维方式。虽然计算机的出现极大地推动了自动控制、人工智能和机器学习等新技术的发展，机器人的研发也取得了突飞猛进的成果并开始一定应用，人类社会的自动化、智能化水平已得到明显提升，但人类这种机器的思维方式始终面临瓶颈而无法取得突破性进展。然而，大数据时代的到来，为提升机器智能带来了契机，因为大数据将有效推进机器思维方式由自然思维转向智能思维，这才是大数据思维转变的关键所在、核心内容。

人脑之所以具有智能、智慧，是因为它能够对周遭的数据信息进行全面收集、逻辑判断和归纳总结，获得有关事物或现象的认识与见解。同样，在大数据时代，随着物联网、云计算、社会计算、可视技术等的突破发展，大数据系统也能够自动地搜索所有相关的数据信息，进而类似"人脑"一样主动、立体、逻辑地分析数据，做出判断，提供洞见，因此，也就具有了类似人类的智能思维能力和预测未来的能力。

"智能、智慧"是大数据时代的显著特征，所以，我们的思维方式也要从自然思维转向智能思维，以适应时代的发展。

6.4　使用搜索引擎

浏览器安全性
设置

 学习目标

- 了解搜索引擎的基础知识。
- 掌握常用搜索引擎的基本使用技巧。
- 理解基于 Web 的素材引用规范。

6.4.1　搜索引擎的基础知识

互联网时空，大数据时代，搜索引擎是用户浩瀚互联网之行的必备工具，可以帮助用户在宇宙级数据中快速找到所需的信息。

1. 搜索引擎的定义

搜索引擎是指根据一定的策略、运用特定的计算机程序从互联网上搜集信息，在对信息进行组织和处理后，为用户提供检索服务，将用户检索的相关信息展示给用户的系统。搜索引擎包括全文索引、目录索引、元搜索引擎、垂直搜索引擎、集合式搜索引擎、门户搜索引擎和免费链接列表等。

2. 搜索引擎的组成

一个搜索引擎由搜索器、索引器、检索器和用户接口等组成。搜索器的功能是在互联网中漫游，发现和搜集信息。索引器的功能是理解搜索器所搜索的信息，从中抽取出索引项，用于表示文档及生成文档库的索引表。检索器的功能是根据用户的查询在索引库中快速检出文档，进行文档与查询的相关度评价，对将要输出的结果进行排序，并实现某种用户相关性反馈机制。用户接口的作用是输入用户查询，显示查询结果，提供用户相关性反馈机制。

3. 搜索引擎的工作原理

使用自动索引软件（搜索器也称网络机器人或网络蜘蛛）来搜集和标记网页资源，并将这些资源存入数据库。当用户输入检索的关键词后，它在数据库中找出与该词匹配的记录，并按相关程度排序后显示出来，工作流程如图 6-14 所示，具体分为 4 步。

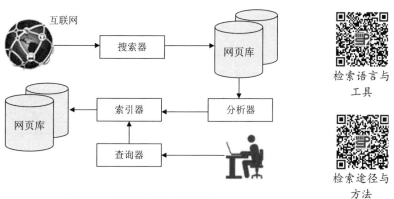

图 6-14　搜索引擎的工作流程

步骤 1：爬行。

搜索引擎是通过一种特定规律的软件跟踪网页的链接，从一个链接爬到另外一个链接，像蜘蛛在蜘蛛网上爬行一样，所以称为蜘蛛，也称为机器人。搜索引擎蜘蛛的爬行是被输入了一定的规则的，它需要遵从一些命令或文件的内容。

步骤 2：抓取存储。

搜索引擎通过蜘蛛跟踪链接爬行到网页，并将爬行的数据存入原始页面数据库。其中的页面数据与用户浏览器得到的 HTML 是完全一样的。搜索引擎蜘蛛在抓取页面时，也做一定的重复内容检测，一旦遇到权重很低的网站上有大量抄袭、采集或复制的内容，很可能就不再爬行。

步骤 3：预处理。

搜索引擎将蜘蛛抓取回来的页面进行各种步骤的预处理。

1）提取文字。

2）中文分词。

3）去停止词。

4）消除噪声（搜索引擎需要识别并消除这些噪声，如版权声明文字、导航条、广告等）。

5）正向索引。

6）倒排索引。

7）链接关系计算。

8）特殊文件处理。

除 HTML 文件外，搜索引擎通常还能抓取和索引以文字为基础的多种文件类型，如 PDF、DOCX、WPS、XLSX、PPTX、TXT 文件等。我们在搜索结果中也经常会看到这些文件类型。但搜索引擎还不能处理图片、视频、Flash 这类非文字内容，也不能执行脚本和程序。

步骤 4：排名。

用户在搜索框中输入关键词后，排名程序调用索引库数据，计算排名显示给用户，排名过程与用户直接互动。但是，由于搜索引擎的数据量庞大，虽然能达到每日都有小的更新，但是一般情况下，搜索引擎的排名规则都是根据日、周、月进行阶段性不同幅度的更新。

6.4.2 基本搜索技巧

在搜索引擎中输入关键词，然后单击"搜索"按钮，系统很快会返回查询结果，这是最简单的查询方法，使用方便，但是查询的结果却不准确，可能包含着许多无用的信息。下面介绍一些基本的搜索技巧。

基本搜索技巧
的演示

1. 细化搜索条件

例如，要查找有关计算机冒险游戏方面的资料，输入 game 是没有太大意义的，computer game 范围就小一些，当然最好是输入 computer adventure game，返回的结果会精确得多。

此外，一些功能词汇和太常用的名词，如中文中的"的""地""和"等搜索引擎是不支持的。这些词被称为停用词或过滤词，在搜索时这些词都将被搜索引擎忽略。

2. 搜索逻辑命令

搜索引擎大都支持附加逻辑命令查询，常用的是"+"号和"−"号。在关键词的前面使用加号，也就等于告诉搜索引擎该单词必须出现在搜索结果中的网页上。例如，在搜索引擎中输入"+电脑+电话+传真"，就表示要查找的内容必须同时包含"电脑、电话、传真"这 3 个关键词。在关键词的前面使用减号，也就意味着在查询结果中不能出现该关键词。例如，在搜索引擎中输入"电视台−中央电视台"，它就表示最后的查询结果中一定不包含"中央电视台"。

逻辑命令查询中也常常会使用布尔检索。布尔检索是指通过标准的布尔逻辑关系来表达关键词与关键词之间逻辑关系的一种查询方法，这种查询方法允许我们输入多个关键词，各个关键词之间的关系可以用逻辑关系词来表示。

and，称为逻辑与，它表示所连接的两个词必须同时出现在查询结果中。例如，输入 computer and book，要求查询结果中必须同时包含 computer 和 book。

or，称为逻辑或，它表示所连接的两个关键词中任意一个出现在查询结果中就可以。例如，输入 computer or book，就要求查询结果中可以只有 computer，或只有 book，或同时包含 computer 和 book。

not，称为逻辑非，它表示所连接的两个关键词中应从第一个关键词概念中排除第二个关键词。例如，输入 automobile not car，就要求查询的结果中包含 automobile（汽车），但同时不能包含 car（小汽车）。

near，表示两个关键词之间的词距不能超过 n 个单词。

在实际的使用过程中，可以将各种逻辑关系综合运用，灵活搭配，以便进行更加复杂的查询。用好这些命令符号，可以大幅提高搜索精度。

3. 精确匹配搜索

除利用前面提到的逻辑命令来缩小查询范围外，还可以通过给要查询的关键词加上双引号（" "）来进行精确匹配查询（也称短语搜索），这种方法要求查询结果要精确匹配，不包括演变形式。例如，在搜索引擎中输入"电传"，它就会返回网页中有"电传"这个关键字的网址，而不会返回诸如"电话传真"之类的网页。

注意：双引号为英文字符。虽然一些搜索引擎已支持中文标点符号，但顾及到其他引擎，最好养成使用英文字符的习惯。

4. 使用通配符

通配符包括星号（*）和问号（?），前者表示匹配的数量不受限制，后者表示匹配的字符数要受到限制，主要用在英文搜索引擎中。例如，输入 computer*，就可以找到 computer、computers、computerised、computerized 等单词；而输入 comp?ter，则只能找到 computer、compater、competer 等单词。

5. 使用元词检索

大多数搜索引擎支持元词功能，用户把元词放在关键词的前面，这样就可以告诉搜索引擎用户想要检索的内容具有哪些明确的特征。例如，在搜索引擎中输入 title:浙江大学，就可以查到网页标题中带有浙江大学的网页；输入 intitle:家用电器，表示要搜索标题含有"家用电器"的网页；在输入的关键词后加上 domainorg，就可以查到所有以 org 为扩展名的网站。

其他元词还包括 image（用于检索图片）、link（用于检索链接到某个选定网站的页面）、URL（用于检索地址中带有某个关键词的网页）。

6.4.3　搜索下载 Web 资源

以 360 安全卫士软件下载为例介绍网络资源的下载。首先在浏览器中打开百度搜索引擎的首页面，然后在搜索栏中输入"360 安全卫士下载"，单击"百度一下"按钮，如图 6-15 所示。

常用搜索引擎——百度功能应用

图 6-15　搜索 Web 资源

在查询结果的各个网站标题下面的"百度快照"左侧，都会提示出各个网站的实际域名。例如，选择 www.360.cn，单击左侧的"360 安全卫士"图标进入 360 官网。单击

"360 安全卫士"标题下方的"下载"按钮，在弹出的小窗口中单击"保存"按钮即可完成下载，如图 6-16 所示。

计算机端电子图书的获取

手机端电子图书的获取

图 6-16　下载"360 安全卫士"

6.5　移动互联网的应用

学习目标

- 了解移动互联网在中国的发展现状。
- 了解移动互联网的应用领域。

6.5.1　移动互联网的发展现状

2018 年 6 月 20 日，由人民网总编辑、人民网研究院院长、移动互联网蓝皮书主编余清楚发布的《中国移动互联网发展报告（2018）》中指出了 2017 年中国移动互联网发展概况：2017 年，中国移动互联网基础设施建设成就最为突出。4G 网络建设全面铺开，4G 基站净增 65.2 万个，总数达到 328 万个。中国开始 5G 第三阶段试验，并着手部署 6G 网络研发，窄带物联网也进入快速部署阶段。移动互联网用户总量增长放缓，但提速降费使用户结构优化，数据流量成倍增长，2017 年中国移动互联网接入流量达 246 亿 GB，全年移动互联网接入月户均流量达到 1775MB，是 2016 年的 2.3 倍。智能手机市场趋于饱和，智能硬件、智能终端增长迅猛。智能机器人、无人机、智能家居、自动驾驶等领域实现较大技术突破。

中国形成了全球最大的移动互联网应用市场，截至 2017 年 12 月底，共监测到 403 万款移动应用，移动应用市场规模达到 7865 亿元。

2018 年 7 月 31 日，Trustdata 大数据发布《2018 年上半年中国移动互联网行业发展分析报告》，报告数据显示，中国移动互联网发展规模迅速，并开始大手笔进军海外市场，同时在业务量井喷势头下，安全成了中国移动互联网企业存亡的生命线。我国互联网企业大规模走出国门，推介中国产品、技术、应用，以中国经验影响国际社会，推动世界各国共同搭乘互联网和数字经济发展的快车，在一定程度上改变了国际互联网格局。中兴、华为、BAT（B 代表百度，A 代表阿里巴巴，T 代表腾讯）、中国移动、中国电信、中国联通等互联网企业，以人工智能、大数据、云计算、区块链等先进信息技术，为"一带一路"沿线国家提供基础设施建设支持；电子商务蓬勃发展，阿里旗下全球速卖通用户遍及 220 多个国家和地区，海外买家累计突破 1 亿，其中"一带一路"沿线国家用户占比达到 45.4%。微信支付、支付宝等移动支付应用推广到从东南亚到欧洲的数十个国家；国内直播企业出海近 50 家，遍布五大洲的 45 个国家和地区；抖音、快手等短视频应用在海外展开激烈竞争；共享单车成为共享经济的代表。

在快速发展的同时，中国移动互联网也面临一些挑战，如互联网企业出海面临更多贸易保护压力，还要应对各国各地区的立法差异、文化习俗差异、市场发育不成熟等问题；新兴领域发展带来移动安全新问题；大数据产业繁荣需要制定规则、规范管理；还存在部分地区网络覆盖薄弱等问题。

6.5.2　移动互联网的应用领域

移动互联网应用缤纷多彩，娱乐、商务、信息服务等各种各样的应用开始渗入人们的基本生活。手机电视、视频通话、手机音乐下载、手机游戏、移动搜索、移动支付等移动数据业务开始带给用户新的体验。

1. 移动社交

移动社交综合了移动网络、手机终端和社交网络服务的优势和特点并互为有益的补充，可谓相得益彰。用户信息的可靠性成为移动社交网络发展的基础。社交网络与其他网上社区、网上交友等方式不同的是，其基本上是基于客户的真实信息建立的人际网络，较为贴近实名制。在大多数情况下，手机用户信息相比互联网来说可靠性更高，这为移动社交提供了一个十分广阔的平台和基础。

根据 2018 年 Q1 移动社交 APP 的下载量有关统计数据，微信占据龙头老大的地位，QQ 紧随其后，腾讯系移动社交 APP 包揽第一、二名，微博排名第三。而主打陌生人社交的陌陌也开始转变自己的发展方向，在保留自身社交属性的基础上，进军短视频，也取得了良好的发展。此外，陌陌还在 2018 年 2 月宣布收购探探，进一步夯实自己在陌生人社交领域的地位。

2. 移动电台

从 2011 年移动电台进入人们的视线开始，移动电台从蓝海时期发展到现在的红海，走向下半场。如今，各大移动电台为吸引听众，获取更大利润，加大对市场的布局，都想成为头部平台。目前，网络音频市场上的移动电台主要由荔枝、蜻蜓 FM、喜马拉雅三方割据，除三大巨头外，还有其他如企鹅 FM、豆瓣 FM 等移动电台也在加紧对音频市场的布局。

3. 直播短视频

近年来，网络直播为一些社交媒体平台带来空前繁荣，2016 年可谓是直播平台的爆发元年，直播技术的飞速发展使直播从幕后走向台前，包括吃播在内的视频主播成为一个新的职业。网络直播平台的代表有映客、YY、花椒、一直播、酷狗直播、NOW 直播、人人直播等。例如，小米手机为了展示 MAX 2 的强大续航能力，从 2017 年的 5 月 25 日手机满电状态开始，至 6 月 24 日早上 6 点自动关机结束，在哔哩哔哩弹幕网（B 站）开了一场长达 31 天的疯狂直播，堪称直播圈+手机圈一次完美的营销案例。此次直播全程总共吸引了 8500 万人次围观，弹幕超过 4 亿条，让大部分人一提到手机续航就联想起小米 MAX 2。而据比达咨询（BDR）发布的《2017 年第三季度中国娱乐直播 APP 产品市场研究报告》显示，映客 9 月份以 1898.7 万人居于行业榜首；后起之秀陌陌也在直播的领域中占据了一席之地，直播为以"视频社交"为噱头的陌陌增加了视频内容生态，更是在陌陌的收入结构中占到了 80%之多。

从 2018 年开始，短视频（时长通常在 15s 至几分钟之间）成为中国发展较快的流行趋势之一。顷刻间，无数平台和互联网大咖也纷纷向短视频伸出橄榄枝，BAT 都聚集到了短视频市场，腾讯停掉微视，同时领投快手新一轮 3.5 亿美元的融资；阿里文娱旗下土豆转型 PUGC 短视频，成立 20 亿大鱼奖金扶持短视频；百度投资垂直短视频社区天天美剧。用户流量的不断增长和资金的涌入，让短视频成为炙手可热的宠儿，伴之而来的是广告的快速增长，各种测评、美妆等带有营销性质的短视频出现，短视频广告兴起，使广告得以在碎片化的移动互联网时代再次吸引了消费者的关注。短视频平台的代表有快手、抖音、美拍、秒拍、小咖秀、奶糖等。

4. 在线教育

在资本寒冬的环境笼罩下，在线教育行业在 2018 年上半年投资事件数量和投资金额双高。在线教育行业在不景气的环境中仍然受到了资本的青睐。宏观上来说，人口结构的变化给教育行业发展带来了机遇；AI（artificial intelligence，人工智能）等底层技术在教育场景的应用加速了教育线上化、模块化的进程；同时，在线教育的现金流充裕，在资本寒冬中，正向现金流提振了市场信心。

2015 年 1 月~2018 年 6 月，在线教育细分领域中 K12、英语教育和职业培训成为获得投资最多的 3 个细分领域；相同时间周期内，投资热度处于第二梯队的领域包括早教、语言学习、母婴社区、兴趣教育等。

5. 移动出行

移动导航应用有高德地图、百度地图、腾讯地图、谷歌地图等，高德地图日均用户近 3000 万，领跑地图导航市场，占比六成，逐渐拉开与百度地图的优势。移动租车应用同比增长，用户规模突破 5000 万，年增长 46%，滴滴用户规模稳居出行用车领域榜首，嘀嗒出行同比增长近 5 倍。

6. 网络金融

移动支付中，微信支付与支付宝支付占据前二甲，商家陆续使用各种移动支付的集成应用。手机银行市场用户规模稳定增长，中国建设银行、中国农业银行、中国工商银行 MAU 高居手机银行前三甲。网络借贷大起大落，尤其 2018 年上半年开始的大批 P2P 影响面极广。互联网众筹平台帮助了很多家庭解决了危病困难。

7. 移动健康监控

移动健康监控使用 IT（information technology，信息技术）和移动通信实现对患者的远程监控，还可以帮助政府、关爱机构等降低慢性病患者的治疗成本，改善患者的生活质量。

在发展中国家的市场，移动性的移动网络覆盖比固定网更重要。今天，移动健康监控在成熟的市场也还处于初级阶段，项目建设方面到目前为止也仅是有限的试验项目。未来，这个行业可实现商用，提供移动健康监控产品、业务和相关解决方案。

6.6　"互联网+"时代

了解信息素养

学习目标

- 了解"互联网+"的基本内涵与特征。
- 了解"互联网+"的实际应用。

6.6.1　"互联网+"的基本内涵

互联网早已经进入了我们生活的方方面面，并且改变了人们的生活方式。"互联网+"代表着一种新的经济形态，它指的是依托互联网信息技术实现互联网与传统产业的联合，以优化生产要素、更新业务体系、重构商业模式等途径来完成经济转型和升级。

"互联网+"将互联网作为当前信息化发展的核心特征提取出来，并与工业、商业、金融业等服务业进行全面融合。这其中的关键就是创新，只有创新才能让这个"+"真正有价值、有意义。正因为此，"互联网+"被认为是创新 2.0 下的互联网发展新形态、新业态，是知识社会创新 2.0 推动下的经济社会发展新形态演进。通俗地说，"互联网+"就是"互联网+各个传统行业"，但这并不是简单的两者相加，而是利用信息通信技术及互联网平台，让互联网与传统行业进行深度融合，创造新的发展生态。

"互联网+"的核心不在于"互联网"，而在于其背后的"+"。互联网正在加速与传统行业进行融合，是否能够成功，关键在于这个融合。只有结合互联网和传统行业的各自优势，才能激发出各自的力量，从而迸发出新的业态和新的创新。"互联网+"不仅是互联网公司的事情，更重要的是传统产业的行动。

"互联网+"具有以下 6 个特征。

1）跨界融合。"+"就是跨界，就是变革，就是开放，就是重塑融合。敢于跨界了，创新的基础就更坚实；融合协同了，群体智能才会实现，从研发到产业化的路径才会更垂直。融合本身也指代身份的融合，客户消费转化为投资、伙伴参与创新等。

2）创新驱动。中国粗放的资源驱动型增长方式早就难以为继，必须转变到创新驱动发展这条正确的道路上来。这正是互联网的特质，用互联网思维来求变、自我革命，也更能发挥创新的力量。

3）重塑结构。信息革命、全球化、互联网业已打破了原有的社会结构、经济结构、地缘结构、文化结构，权力、议事规则、话语权不断在发生变化。互联网+社会治理、虚拟社会治理会是很大的不同。

4）尊重人性。人性的光辉是推动科技进步、经济增长、社会进步、文化繁荣的最根本的力量，互联网力量的强大最根本的来源是对人性的最大限度的尊重、对人体验的敬畏、对人的创造性发挥的重视。例如，UGC、卷入式营销、分享经济等。

5）开放生态。关于"互联网+"，生态是非常重要的特征，而生态的本身就是开放的。我们推进"互联网+"，其中一个重要的方向就是要把过去制约创新的环节化解掉，把孤岛式创新连接起来，让创业并努力者有机会实现价值。

6）连接一切。连接是有层次的，可连接性是有差异的，连接的价值相差很大，但是连接一切是"互联网+"的目标。

6.6.2 "互联网+"的实际应用

信息资源简介

在"互联网+"时代，各行各业都想在网络中占有自己的市场份额，这促进了越来越多的"互联网+"模式的诞生。

1. "互联网+工业"：让生产制造更智能

近些年，德国"工业 4.0"与中国元素碰撞，颠覆了传统制造方式，重建行业规则。例如，小米、乐视等互联网公司就在工业和互联网融合的变革中，不断抢占传统制造企业市场，通过价值链重构、轻资产、扁平化、快速响应市场来创造新的消费模式。而在"互联网+"的驱动下，产品个性化、定制批量化、流程虚拟化、工厂智能化、物流智慧化等都将成为新的热点和趋势。

借助移动互联网技术，传统制造厂商可以在汽车、家电、配饰等工业产品上增加网络软硬件模块，实现用户远程操控、数据自动采集分析等功能，极大地改善了工业产品的使用体验。

基于云计算技术，一些互联网企业打造了统一的智能产品软件服务平台，为不同厂商生产的智能硬件设备提供统一的软件服务和技术支持，优化用户的使用体验，并实现各产品的互联互通，产生协同价值。

运用物联网技术，工业企业可以将机器等生产设施接入互联网，构建网络化物理设备系统，进而使各生产设备能够自动交换信息、触发动作和实施控制。物联网技术有助于加快生产制造实时数据信息的感知、传送和分析，加快生产资源的优化配置。

在互联网的帮助下，企业通过自建或借助现有的"众包"平台，可以发布研发创意需求，广泛收集客户和外部人员的想法与智慧，大大扩展了创意来源。工业和信息化部信息中心搭建了"创客中国"创新创业服务平台，链接创客的创新能力与工业企业的创新需求，为企业开展网络众包提供了可靠的第三方平台。

2."互联网+农业"：催化中国农业品牌化道路

农业看起来离互联网最远，但农业作为最传统的产业也决定了"互联网+农业"的潜力是巨大的。

首先，数字技术可以提升农业生产效率。例如，利用信息技术对地块的土壤、肥力、气候等进行大数据分析，并提供种植、施肥相关的解决方案，能够提升农业生产效率。

其次，农业信息的互联网化将有助于需求市场的对接，互联网时代的新农民不仅可以利用互联网获取先进的技术信息，还可以通过大数据掌握最新的农产品价格走势，从而决定农业生产重点以把握趋势。

再次，农业互联网化，可以吸引越来越多的年轻人积极投身农业品牌打造中，具有互联网思维的"新农人"群体日趋壮大，将可以创造出更为多样模式的"新农业"。

同时，农业电商将成为农业现代化的重要推手，将有效减少中间环节，使农民获得更多利益。面对万亿元以上的农资市场及近 7 亿的农村用户人口，农业电商的市场空间广阔，大爆发时代已经到来。

在此基础上，农民更需要建立农产品的品牌意识，将"品类"细分为具有更高识别度的"品牌"。例如，曾经的烟草大王褚时健栽种"褚橙"，联想集团董事柳传志培育"柳桃"，网易 CEO 丁磊饲养"丁家猪"等；也有专注于农产品领域的新兴电商品牌获得了巨大成功，如三只松鼠、新农哥等，都是在农产品大品类中细化出了个人品牌，从而提升其价值。

3."互联网+教育"：在线教育大爆发

在教育领域，面向中小学、大学、职业教育、IT 培训等多层次人群提供学籍注册入学开放课程，而且网络学习一样可以参加国家组织的统一考试，可以足不出户在家上课学习，取得相应的文凭和技能证书。"互联网+教育"的结果，将会使未来的一切教与学活动都围绕互联网进行，老师在互联网上教，学生在互联网上学，信息在互联网上流动，知识在互联网上成型，线下的活动成为线上活动的补充与拓展。

在过去的几年，K12 在线教育、在线外语培训、在线职业教育等细分领域成为中国在线教育市场规模增长的主要动力。很多传统教育机构，如新东方也正在从线下向线上教育转型；而一些在移动互联网平台上掌握了高黏性人群的互联网公司，也在转型在线教育，如网易旗下的有道词典，就在英语垂直应用领域掌握了 4 亿的高价值用户，这部分用户对于在线学习英语的需求非常强烈。

因此，有道词典推出了类似在线学英语、口语大师等产品和服务，将用户需求深度挖掘。通过大数据技术，可以实现个性化推荐；而基于移动终端的特性，用户可以用碎片化时间进行沉浸式学习，让在线教育切中了传统教育的一些痛点和盲区。

"互联网+教育"的影响范围不只是创业者，还有一些平台也能够实现就业机会。在线教育平台能提供的职业培训就能够让一批人实现职能培训，而自身创业就能够解决就业。"大众创业，万众创新"对于教育而言具有深远的影响。教育不只是商业，如极客学院上线一年多，就用近千门职业技术课程和 4000 多课时帮助 80 多万 IT 从业者用户提高了职业技能。

4. "互联网+医疗"：移动医疗垂直化发展

现实中存在看病难、看病贵等难题，业内人士认为，"互联网+医疗"有望从根本上改善这一医疗生态。具体来说，互联网将优化传统的诊疗模式，为患者提供一条龙的健康管理服务。在传统的医患模式中，患者普遍存在事前缺乏预防，事中体验差，事后无服务的现象。而通过互联网医疗，患者有望从移动医疗数据端监测自身健康数据，做好事前防范；在诊疗服务中，依靠移动医疗实现网上挂号、询诊、购买、支付，节约时间和经济成本，提升事中体验；并依靠互联网在事后与医生进行沟通。

百度、阿里、腾讯先后出手互联网医疗产业，形成了巨大的产业布局网，它们利用各自优势，通过不同途径实现着改变传统医疗行业模式的梦想。

百度利用其自身搜索霸主身份，推出"健康云"概念，基于百度擅长的云计算和大数据技术，形成监测、分析、建议 3 层构架，对用户实行数据的存储、分析和计算，为用户提供专业的健康服务。除此之外，百度还利用其超强的搜索技术优势提供一站式医疗服务平台，这其实与新型的智能医疗服务平台健趣网有异曲同工之妙，所以在智能搜索方面，百度与健趣网有着极大的合作前景与开发领域。

阿里在移动医疗的布局主要是"未来医院"和"医药 O2O"，前者以支付宝为核心优化诊疗服务，后者以药品销售为主，已有多家上市公司与其"联姻"。2014～2015 年，支付宝相继与海虹控股、东华软件、东软集团、卫宁软件签订协议，共同推进"未来医院"，以智能优化诊疗服务流程，并先后在杭州、广州、昆明、中山等地的医院试点。

腾讯以 QQ 和微信两大社交软件为把手，投入巨资收购丁香园和挂号网，并在第一时间从 QQ 上推出"健康板块"，为微信平台打造互联网医疗服务整合入口，其"互联网+医疗"发展战略已经一目了然，从资本运作，到微信服务，再到智慧医疗，腾讯的用户争夺战始终是其布局"互联网+医疗"行业的重头戏。

互联网医疗的未来，将会向更加专业的移动医疗垂直化产品发展，可穿戴监测设备将是其中最可能突破的领域。

例如，iHealth 推出了 Align 性能强大的血糖仪，其能够直接插入智能手机的耳机插孔，然后通过移动应用在手机屏幕上显示结果，紧凑的外形和移动能力使其成为糖尿病患者最便利的工具；健康智能硬件厂商 Withings 发布了 Activite Pop 智能手表，具有计步器、睡眠追踪、震动提醒等功能，其电池续航时间长达 8 个月；南京熙健信息将心电图与移动互联网结合，建立了随时可以监测心脏疾病风险的移动心电图……

大数据和移动互联网、健康数据管理未来有较大的机遇甚至可能改变健康产品的营销模式。同时，随着互联网个人健康的实时管理的兴起，在未来传统的医疗模式也或将迎来新的变革，以医院为中心的就诊模式或将演变为以医患实时问诊、互动为代表的新

医疗社群模式。

5. "互联网+金融"：全民理财与微小企业发展

从余额宝、微信红包再到网络银行，互联网金融已悄然来到每个人身边。

数据显示，2014 年上半年，国内 P2P 网络借贷平台半年成交金额近千亿元，互联网支付用户 2.92 亿。传统金融向互联网转型，金融服务普惠民生，成为大势所趋。"互联网+金融"的结合将掀起全民理财热潮，低门槛与便捷性让资金快速流动，大数据让征信更加容易，P2P 和小额贷款发展也越加火热，这也将有助于中小微企业、工薪阶层、自由职业者、进城务工人员等获得金融服务。

小微企业是中国经济中最有活力的实体，小微企业约占全国企业数量的 90%，创造约 80%的就业岗位、约 60%的 GDP 和约 50%的税收，但央行数据显示，截至 2014 年年底，小微企业贷款余额占企业贷款余额的比例为 30.4%，维持在较低水平。"互联网+金融"将让小微企业贷款门槛降低，激活小微企业活力。

互联网金融，包括第三方支付、P2P 小额信贷、众筹融资、新型电子货币及其他网络金融服务平台都将迎来全新的发展机遇，社会征信系统也会由此建立。

6. "互联网+交通和旅游业"：一切资源共享起来

"互联网+交通"已经在交通运输领域产生了"化学效应"，如大家经常使用的打车软件、网上购买火车票和飞机票、出行导航系统等。"互联网+交通"不仅可以缓解道路交通拥堵，还可以为人们出行提供便利，为交通领域的从业者创造财富。

例如，实时公交应用可以方便出行用户对公交汽车的到站情况进行实时查询，减少延误和久等；滴滴和快的不仅为用户的出行带来了便捷，对于出租车而言也减少了空车率；而易到用车、滴滴专车和 PP 租车则发挥了汽车资源的共享，掀起了新时代互联网交通出行领域的新浪潮。

在旅游服务行业，旅游服务在线化、去中介化会越来越明显，自助游会成为主流。基于旅游的互联网体验社会化分享还有很大的空间，而类似 Airbnb 和途家等共享模式可以让住房资源共享起来，旅游服务、旅游产品的互联网化也将有较大的想象空间。

7. "互联网+文化"：让创意更具延展性和想象力

文化创意产业的核心是创意，是以创意为核心，向大众提供文化、艺术、精神、心理、娱乐等产品的新兴产业。互联网与文化产业高度融合，推动了产业自身的整体转型和升级换代。互联网对创客文化、创意经济的推动非常明显，它再次激发起全民创新、创业，以及文化产业、创意经济的无限可能。

互联网带来的多终端、多屏幕将产生大量内容服务的市场，互联网可以将内容服务与衍生品、电商平台一体化对接，无论是视频电商、TV 电商等都将迎来新机遇；一些区域型的特色文化产品，将可以使用互联网，通过创意方式走向全国，未来设计师品牌、族群文化品牌、小品类时尚品牌都将迎来机会；而明星粉丝经济和基于兴趣为细分的社群经济也将拥有巨大的想象空间。

8. "互联网+家电/家居"：让家电会说话，家居更聪明

目前大部分家电产品还处于互联阶段，即仅仅是介入了互联网，或者是与手机实现了链接。但是，真正有价值的是互联网家电产品的互通，即不同家电产品之间的互联互通，实现基于特定场景的联动，手机不仅仅是智能家居的唯一入口，也是让更多的智能终端作为智能家居的入口和控制中心，实现互联网智能家电产品的硬件与服务融合解决方案，"家电+家居"产品衍生的"智能化家居"将是新的生态系统的竞争。

例如，2015 年在上海举行的中国家电博览会上，无论是海尔、美的、创维等传统家电大佬，还是京东、360、乐视等互联网新贵，或推出智能系统和产品或主推和参与搭建智能平台，一场智能家居的圈地大战进行得如火如荼。

例如，海尔针对智能家居体系建立了七大生态圈，包括洗护、用水、空气、美食、健康、安全、娱乐居家生活，利用海尔 U+智慧生活 APP 将旗下产品贯穿起来；美的则发布了智慧家居系统白皮书，并明确美的构建的 M-Smart 系统将建立智能路由和家庭控制中心，提供除 Wi-Fi 外的其他新的连接方案，并扩展到黑电、娱乐、机器人、医疗健康等品类。

在智能电视领域，乐视在展示乐视 TV 超级电视的同时，还主推"LePar 超级合伙人"计划，希望通过创新的"O2O+C2B+众筹"多维一体合作模式，邀请 LePar 项目的超级合伙人，共掘大屏互联网市场。

9. "互联网+生活服务"：O2O 才刚刚开始

"互联网+服务业"将会带动生活服务 O2O 的大市场，互联网化的融合就是去中介化，让供给直接对接消费者需求，并用移动互联网进行实时链接。

例如，家装公司、理发店、美甲店、洗车店、家政公司、洗衣店等都是直接面对消费者的，如河狸家、爱洗车、点到等线上预订线下服务的企业，不仅节省了固定员工成本，还节省了传统服务业最为头疼的店面成本，真正地将服务产业带入了高效输出与转化的 O2O 服务市场，再加上在线评价机制、评分机制，会让参与的这些手艺人精益求精，自我完善。

当下 O2O 成为投资热点，事实上，这个市场才刚刚开始，大量的规模用户对于传统垂直领域的改造形成固定的黏性，打造平台都还有很大的探索空间。

10. "互联网+媒体"：新业态的出现

互联网对于媒体的影响，不只改变了传播渠道，在传播界面与形式上也有了极大的改变。传统媒体是自上而下的单向信息输出源，用户多数是被动地接受信息，而融入互联网后的媒体形态则是以双向、多渠道、跨屏等形式进行内容的传播与扩散，此时的用户参与到内容传播当中，并且成为内容传播介质。

交互化、实时化、社交化、社群化、人格化、亲民化、个性化、精选化、融合化将是未来媒体的几个重要方向。以交互化、实时化和社交化为例，央视春晚微信、抖音抢红包就是这 3 个特征的重要表现，让媒体可以与手机互动起来，还塑造了品牌与消费者

对话的新界面。

社群化和人格化，将使一批有观点、有性格的自媒体迎来发展机遇，用人格形成品牌，用内容构建社群将是这类媒体的方向；个性化和精选化的表现则是一些用大数据筛选和聚合信息精准到人的媒体的崛起，如搜狐自媒体、今日头条等新闻资讯客户端就是代表。

11. "互联网+广告"：互联网语境+创意+技术+实效的协同

所有的传统广告公司都在思考互联网时代的生存问题，显然，赖以生存的单一广告的模式已经终结，它的内生动力和发展动力已经终结。未来广告公司需要思考互联网时代的传播逻辑，并且要用互联网创意思维和互联网技术来实现。

互联网语境的创意模式，过去考验广告公司的能力靠的是出大创意拍大广告片做大平面广告的能力，现在考验广告公司的则是实时创意、互联网语境的创意能力，整合能力和技术的创新和应用能力。

例如，现在很多品牌都需要朋友圈的转发热图，要 HTML5、要微电影、要信息图、要与当下热点结合的传播创意，这些都在考验创意能力，新创意公司和内容为主导的广告公司还有很大的潜力。

而依托于程序化购买等新精准技术，以及以优化互联网广告投放的技术公司也将成为新的市场。总的来说，互联网语境+创意+技术+实效的协同才是"互联网+"下的广告公司的出路。

12. "互联网+零售"：零售体验、跨境电商和移动电商的未来

传统零售和线上电商正在融合，如苏宁电器表示，传统的电器卖场今后要转型为可以和互联网互动的店铺，展示商品，让消费者亲身体验产品。2014 年 5 月，顺丰旗下的网购社区服务店"嘿客"店引入线下体验线上购买的模式，打通逆向 O2O；网上超市 1 号店在上海大型社区中远两湾城开通首个社区服务点，成为上海第一个由电商开通、为社区居民提供现场网购辅导、商品配送自提等综合服务的网购线下服务站。这些都在阐明零售业的创新方向，线上线下未来是融合和协同，而不是冲突。

跨境电商也成为零售业的新机会。国务院批准杭州设立跨境电子商务综合试验区，其中提出要在跨境电子商务交易、支付、物流、通关、退税、结汇等环节的技术标准、业务流程、监管模式和信息化建设等方面先行先试。随着跨境电商的贸易流程梳理得越来越通畅，跨境电商在未来的对外贸易中也将占据更加重要的地位，如何将中国商品借助跨境平台推出去，值得很多企业思考。

此外，如果说电子商务对实体店生存构成巨大挑战，那么移动电子商务则正在改变整个市场营销的生态。智能手机和平板计算机的普及、大量移动电商平台的创建，为消费者提供了更多便利的购物选择。例如，微信推出的购物圈，其就在构建新的移动电商的生态系统，移动电商将成为很多新品牌借助社交网络走向市场的重要平台。

应该说，"互联网+"是一个人人皆可获得商机的概念，但是，"互联网+"不是要颠覆，而是要思考跨界和融合，更多的是思考互联网时代产业如何与互联网结合创造新的

商业价值，企业不能因此陷入"互联网+"的焦虑和误区，"互联网+"更重要的是"+"，而不是"-"，也不是毁灭。

13. "互联网+语言"：一种新的语言传播模式

作为人类最重要的交际工具——语言，随着互联网技术的发展而发展变化，"互联网+语言"的传播模式也由此诞生，它将成为增强语言影响力的有效途径。

"互联网+语言"代表了一种新的文化形态，即充分发挥互联网在语言传播中的作用，增强语言影响力，提升语言软实力，形成更广泛的、以互联网为载体和技术手段的语言发展新形态。语言传播的动因是推动语言传播的力量，不同时代不同语言的传播，有着不同的动因，如文化、科技、军事、宗教和意识形态等。在信息时代，互联网成了语言传播的直接动因和有力工具，并在逐渐演变成为多语言的网络世界。因此，充分发挥互联网在语言传播中的作用，对于增强语言的影响力具有十分重要的意义。"互联网+语言"作为一种新的语言传播模式，如何充分利用它来增强语言影响力，无疑是一个值得我们认真思考和深入研究的问题。

6.7　互联网相关的法律法规

 学习目标

- 了解互联网相关的法律法规。
- 遵守计算机职业道德和网络道德。

6.7.1　《全国人民代表大会常务委员会关于维护互联网安全的决定》（摘要）

一、为了保障互联网的运行安全，对有下列行为之一，构成犯罪的，依照刑法有关规定追究刑事责任：

（一）侵入国家事务、国防建设、尖端科学技术领域的计算机信息系统；

（二）故意制作、传播计算机病毒等破坏性程序，攻击计算机系统及通信网络，致使计算机系统及通信网络遭受损害；

（三）违反国家规定，擅自中断计算机网络或者通信服务，造成计算机网络或者通信系统不能正常运行。

二、为了维护国家安全和社会稳定，对有下列行为之一，构成犯罪的，依照刑法有关规定追究刑事责任：

（一）利用互联网造谣、诽谤或者发表、传播其他有害信息，煽动颠覆国家政权、推翻社会主义制度，或者煽动分裂国家、破坏国家统一；

（二）通过互联网窃取、泄露国家秘密、情报或者军事秘密；

（三）利用互联网煽动民族仇恨、民族歧视，破坏民族团结；

（四）利用互联网组织邪教组织、联络邪教组织成员，破坏国家法律、行政法规实施。

三、为了维护社会主义市场经济秩序和社会管理秩序，对有下列行为之一，构成犯罪的，依照刑法有关规定追究刑事责任：

（一）利用互联网销售伪劣产品或者对商品、服务作虚假宣传；

（二）利用互联网损害他人商业信誉和商品声誉；

（三）利用互联网侵犯他人知识产权；

（四）利用互联网编造并传播影响证券、期货交易或者其他扰乱金融秩序的虚假信息；

（五）在互联网上建立淫秽网站、网页，提供淫秽站点链接服务，或者传播淫秽书刊、影片、音像、图片。

四、为了保护个人、法人和其他组织的人身、财产等合法权利，对有下列行为之一，构成犯罪的，依照刑法有关规定追究刑事责任：

（一）利用互联网侮辱他人或者捏造事实诽谤他人；

（二）非法截获、篡改、删除他人电子邮件或者其他数据资料，侵犯公民通信自由和通信秘密；

（三）利用互联网进行盗窃、诈骗、敲诈勒索。

6.7.2　《全国人民代表大会常务委员会关于加强网络信息保护的决定》（摘要）

一、国家保护能够识别公民个人身份和涉及公民个人隐私的电子信息。

任何组织和个人不得窃取或者以其他非法方式获取公民个人电子信息，不得出售或者非法向他人提供公民个人电子信息。

二、网络服务提供者和其他企业事业单位在业务活动中收集、使用公民个人电子信息，应当遵循合法、正当、必要的原则，明示收集、使用信息的目的、方式和范围，并经被收集者同意，不得违反法律、法规的规定和双方的约定收集、使用信息。

网络服务提供者和其他企业事业单位收集、使用公民个人电子信息，应当公开其收集、使用规则。

三、网络服务提供者和其他企业事业单位及其工作人员对在业务活动中收集的公民个人电子信息必须严格保密，不得泄露、篡改、毁损，不得出售或者非法向他人提供。

四、网络服务提供者和其他企业事业单位应当采取技术措施和其他必要措施，确保信息安全，防止在业务活动中收集的公民个人电子信息泄露、毁损、丢失。在发生或者可能发生信息泄露、毁损、丢失的情况时，应当立即采取补救措施。

五、网络服务提供者应当加强对其用户发布的信息的管理，发现法律、法规禁止发布或者传输的信息的，应当立即停止传输该信息，采取消除等处置措施，保存有关记录，并向有关主管部门报告。

六、网络服务提供者为用户办理网站接入服务，办理固定电话、移动电话等入网手续，或者为用户提供信息发布服务，应当在与用户签订协议或者确认提供服务时，要求用户提供真实身份信息。

七、任何组织和个人未经电子信息接收者同意或者请求，或者电子信息接收者明确表示拒绝的，不得向其固定电话、移动电话或者个人电子邮箱发送商业性电子信息。

……

十一、对有违反本决定行为的，依法给予警告、罚款、没收违法所得、吊销许可证或者取消备案、关闭网站、禁止有关责任人员从事网络服务业务等处罚，记入社会信用档案并予以公布；构成违反治安管理行为的，依法给予治安管理处罚。构成犯罪的，依法追究刑事责任。侵害他人民事权益的，依法承担民事责任。

参 考 文 献

德胜书坊，2020．Office 2019 高效办公三合一[M]．北京：中国青年出版社．

凤凰高新教育，2019．Office 2019 完全自学教程[M]．北京：北京大学出版社．

耿文红，王敏，姚亭秀，2021．Office 2019 办公应用入门与提高[M]．北京：清华大学出版社．

黄林国，2020．用微课学计算机应用基础 （Windows 10+Office 2019）[M]．北京：电子工业出版社．

靳广斌，2020．现代办公自动化项目教程（Windows 10+Office 2019）[M]．北京：中国人民大学出版社．

龙马高新教育，2019．新手学电脑（Windows 10+Office 2019 版）从入门到精通[M]．北京：北京大学出版社．

龙马高新教育，2019．Word/Excel/PPT 2019 办公应用从入门到精通[M]．北京：北京大学出版社．

石利平，2020．计算机应用基础教程（Windows 10+Office 2019）[M]．北京：中国水利水电出版社．

王运兰，李方，陈静，2020．办公软件操作实务（Office 2019）[M]．北京：电子工业出版社．

俞立峰，宋雯斐，2020．信息技术基础（Windows 10+Office 2019）[M]．北京：电子工业出版社．

职场无忧工作室，2020．Excel 2019 办公应用入门与提高[M]．北京：清华大学出版社．

职场无忧工作室，2020．PowerPoint 2019 办公应用入门与提高[M]．北京：清华大学出版社．

职场无忧工作室，2020．Word 2019 办公应用入门与提高[M]．北京：清华大学出版社．